U0235716

"十四五"国家重点出版物出版规划项目

中国生态博物丛书

CHINESE ECOLOGY SERIES

管开云　总主编

Qinghai-Tibet Plateau

青藏高原卷

吴玉虎　主　编

北京出版集团
北京出版社

中国生态博物丛书

编委会

主 任

许智宏（中国科学院院士、北京大学生命科学学院教授、北京大学原校长、中国科学院

原副院长、联合国教科文组织人与生物圈计划中国国家委员会主席）

副主任

管开云（中国科学院新疆生态与地理研究所）

李清霞（北京出版集团有限责任公司）

编 委
（按姓氏音序排列）

曹洪麟（中国科学院华南植物园）

陈　玮（中国科学院沈阳应用生态研究所）

陈志云（中国科学院南海海洋研究所）

方震东（香格里拉高山植物园）

高信芬（中国科学院成都生物研究所）

管开云（中国科学院新疆生态与地理研究所）

郭忠仁（江苏省·中国科学院植物研究所）

郝　涛（湖北省野生动植物保护总站）

何　俊（中国科学院武汉植物园）

何兴元（中国科学院沈阳应用生态研究所）

李清霞（北京出版集团有限责任公司）

李文军（中国科学院新疆生态与地理研究所）

李新正（中国科学院海洋研究所）

连喜平（中国科学院南海海洋研究所）

刘贵华（中国科学院武汉植物园）

刘　可（北京出版集团有限责任公司）

刘　演（广西壮族自治区·中国科学院广西植物研究所）

牛　洋（中国科学院昆明植物研究所）

上官法智（云南一木生态文化传播有限公司）

隋吉星（中国科学院海洋研究所）

谭烨辉（中国科学院南海海洋研究所）

王喜勇（中国科学院新疆生态与地理研究所）

王英伟（中国科学院植物研究所）

吴金清（中国科学院武汉植物园）

吴玉虎（中国科学院西北高原生物研究所）

邢小宇（秦岭国家植物园）

许智宏（联合国教科文组织人与生物圈计划中国国家委员会）

杨　梅（中国科学院昆明植物研究所）

杨　扬（中国科学院昆明植物研究所）

张先锋（中国科学院水生生物研究所）

周岐海（广西师范大学）

周义峰（江苏省·中国科学院植物研究所）

朱建国（中国科学院昆明动物研究所）

朱　琳（秦岭国家植物园）

朱仁斌（中国科学院西双版纳热带植物园）

中国生态博物丛书　青藏高原卷

主　编

吴玉虎（中国科学院西北高原生物研究所）

副主编

朱建国（中国科学院昆明动物研究所）

编　委
（按姓氏音序排列）

马晓峰（中国科学院昆明动物研究所）

王立松（中国科学院昆明植物研究所）

吴瑞华（青海省科学技术馆）

吴玉虎（中国科学院西北高原生物研究所）

朱建国（中国科学院昆明动物研究所）

摄 影

（按姓氏音序排列）

王立松　吴玉虎　朱建国

主编简介

管开云，理学博士、研究员、博士生导师，花卉资源学家、保护生物学专家、国际知名的秋海棠和茶花研究专家。现任中国科学院新疆生态与地理研究所伊犁植物园主任、新疆自然博物馆馆长、国际茶花协会主席、中国环境保护协会生物多样性委员会副理事长、中国植物学会植物园分会副理事长、全国首席科学传播专家等职。主要从事植物分类学、植物引种驯化和保护生物学研究。发表植物新种14个，注册植物新品种30个，获国家发明专利10项，发表论文200余篇，出版论（译）著24部。获全国环境科技先进工作者、全国环保科普创新奖和全国科普先进工作者等荣誉和表彰，享受国务院特殊津贴。

吴玉虎，中国科学院西北高原生物研究所研究员。曾任中国科学院西北高原生物研究所青藏高原生物标本馆馆长，国家自然科学基金项目评审专家，世界自然保护联盟（IUCN）物种生存委员会中国植物专家组成员，中国科学院生物标本馆科普网络工作委员会第一、第二届委员，中国科学探险协会理事，青海省自然科学学科带头人，等。主要从事高寒草地生态学、植物系统分类和植物区系地理研究工作。从事科研工作近50年来，多次参加或带队在青藏高原的江河源头地区、喀喇昆仑山和昆仑山地区、东帕米尔高原、藏北羌塘高原以及西藏、新疆、甘肃、青海、四川等省、自治区考察数十次，共采集植物标本54900余号，16万余份，曾多次历险。先后参加国家、中国科学院和省级重大和较大科研项目20余项，主编和参编著作20本，先后发表植物新分类群99个，发表论文100余篇。

党的十八大以来，以习近平生态文明思想为根本遵循和行动指南，我国生态文明建设从认识到实践已发生了历史性的转折和全局性的变化，全党全国推动绿色发展的自觉性和主动性显著增强，美丽中国建设迈出重大步伐。

"中国生态博物丛书"就是在这个大背景下着手策划的，本套书通过千万余字、数万张精美图片生动展示了在辽阔的中国境内的各种生态环境和丰富的野生动植物资源，全景展现了党的十八大以来，中国生态环境保护取得的伟大成就，绘就了一幅美丽中国"绿水青山"的壮阔画卷！

习近平主席在 2020 年 9 月 30 日联合国生物多样性峰会上的讲话中说："我们要站在对人类文明负责的高度，尊重自然、顺应自然、保护自然，探索人与自然和谐共生之路，促进经济发展与生态保护协调统一，共建繁荣、清洁、美丽的世界。"又说："中国坚持山水林田湖草生命共同体，协同推进生物多样性治理。"[1] 这些论述深刻阐释了推进生态文明建设的重大意义，生态文明建设是经济持续健康发展的关键保障，是民意所在、民心所向。

组成地球生物圈的所有生物（动物、植物、微生物）与其环境（土壤、水、气候等）组合在一起，形成彼此相互依存、相互制约，且通过能量循环和物质交换构成的一个完整的物质能量运动系统，这便是我们一切生物赖以生存的生态系统。人类生存的地球是一个以各种生态类型组成的绚丽多姿、生机勃勃的生物世界。从赤日炎炎的热带雨林到冰封万里的极地苔原，从延绵起伏的群山峻岭、高山峡谷到茫茫无际的江河湖海，到处都有绿色植物和藏匿于其中的动物的踪迹，还有大量的真

---

[1]　《习近平在联合国生物多样性峰会上的讲话》，新华网，2020 年 9 月 30 日。

菌和细菌等微生物。生存在各类生态环境中的绿色植物、动物和大量的微生物，为地球上的生命提供了充足的氧气和食物，从而使得人类社会能持续发展到今天，创造出高度的文明和科学技术。但是，自工业革命以来，随着全球人口的迅速增长和生产力的发展，人类过度地开发利用天然资源，导致森林面积不断减少，大气、土壤、江湖和海洋污染日趋严重，生态环境加速恶化，生物多样性在各个层次上均在不断减少，自然生态平衡受到了猛烈的冲击和破坏。因此，保护生态环境、保护生物多样性也就是保护我们人类赖以生存的家园。

生态环境保护就是研究和防止由于人类生活、生产建设活动使自然环境恶化，进而寻求控制、治理和消除各类因素对环境的污染和破坏，并努力改善环境、美化环境、保护环境，使它更好地适应人类生活和工作需要。换句话说，生态环境保护就是运用生态学和环境科学的理论和方法，在更好地合理利用自然资源的同时，深入认识环境破坏的根源及危害，有计划地保护环境，预防环境质量恶化，控制环境污染，促进人与自然的协调发展，提高人类生活质量，保护人类健康，造福子孙后代。

我国位于地球上最辽阔的欧亚大陆的东部，幅员辽阔，东自太平洋西岸，西北深处欧亚大陆的腹地，西南与欧亚次大陆接壤。由于我国地域广阔，有多样的气候类型和各种的地貌类型，南北跨热带、亚热带、暖温带、温带和寒温带，自然条件多样复杂，所形成的生态系统类型异常丰富。从森林、草原到荒漠，以及从热带雨林到寒温带针叶林，应有尽有，加上西南部又拥有地球上最高的青藏高原的隆起，形成了世界上独一无二的大面积高寒植被。此外，我国还有辽阔的海洋和各种海洋生物所组成的海洋生态系统。可以讲，除典型的赤道热带雨林外，地球上大多数植被类型均可在中国的国土上找到，这是其他国家所不能比拟的。所有这些，都为各种生物种类的形成和繁衍提供了各类生境，使中国成为全球生态类型和生物多样性最为丰富的国家之一。

然而，在以往出版的图书中，尚未见到一套全面系统地介绍中国各种生态类型的生态环境，以及相应环境中各类生物物种的大型综合性图书。

"中国生态博物丛书"以中国生态系统为主线，围绕中国主要植被类型，结合各种生态景观对我国主要植被生态类型，以及构成这些生态系统的植物（包括藻类）、动物和微生物进行全面系统的介绍。在对某个物种进行介绍时，对所介绍的物种在该地理区域的生态位、生态功能、物种之间的相互依存和竞争关系、生态价值和经济价值进行科学、较全面和生动的介绍。读者可以通过本丛书，学习和了解中国主要植被类型、生态景观和生物物种多样性等方面的相关知识。本套丛书共分21卷，由国内30多家科研单位和大学数百位科学工作者共同编著完成。本书的编写出版填补了中国图书，特别是高级科普图书在这一领域的空白。

本套丛书图文并茂、科学内容准确、语言生动有趣、图片精美少见，是各级党政领导干部、公务员，从事生态学、植物学、动物学、保护生物学和园艺学等专业的科技工作者，大、中学校教师和学生及普通民众难得的一套好书。在此，谨对该丛书的出版表示祝贺，也对参与该丛书编写的科研机构的科学工作者和高校老师表示感谢。我相信，该丛书的出版将有助于提高中国公民的科学素养和环保意识，也有助于提升各级领导干部在相关领域的科学决策能力，为中国生态文明和美丽中国建设做出贡献，也为中国生态环境研究和保护提供各种有价值的信息，以及难得的精神食粮。

人不负青山，青山定不负人。生态文明建设是关系中华民族永续发展的千年大计，要像保护眼睛一样保护自然和生态环境，为建设人与自然和谐共生的现代化注入源源不竭的动力。期待本套丛书能为建成"青山常在、绿水长流、空气常新"的"美丽中国"贡献一份力量！

许智宏

许智宏
中国科学院院士
北京大学生命科学学院教授
北京大学原校长
中国科学院原副院长
联合国教科文组织人与生物圈计划中国国家委员会主席

2020年11月

　　从中华人民共和国成立以来到20世纪末，我国科学家曾对青藏高原进行过3次大规模的综合性科学考察，每次都有植物区系学科人员参加，并有相应的动植物分类学专著问世。例如：20世纪70年代对西藏喜马拉雅山地区的科学考察后，有了5卷本的《西藏植物志》问世；20世纪80年代初对横断山地区的科学考察之后又有了上、下两册的《横断山区维管植物》的出版；20世纪80年代后期到90年代初对喀喇昆仑山和昆仑山地区以及可可西里地区的科学考察是青藏高原综合科学考察的第三阶段，4卷6本的《昆仑植物志》专著应运而生。

　　如今，就国家层面来说，第一次围绕青藏高原地区的大型综合科学考察工作已经结束，第二次全面考察刚刚启动。此前多次动植物区系考察中所获得的植物标本和其他相关资料也应该可以覆盖整个青藏高原北部高原高山区。仅就中国科学院青藏高原生物标本馆的馆藏标本而言，除了由吴玉虎曾参加过的喀喇昆仑山—昆仑山地区综合科学考察队于1987—1991年采集的约5000号近10000份标本外，还有1974年潘锦堂带领的由刘尚武、张盍曾等组成的中国科学院西北高原生物研究所新疆南疆喀喇昆仑山—昆仑山—西藏阿里考察队采集的1450号标本和1986年由黄荣福参加的中德两国乔戈里峰考察队采集的500余号标本，以及刘海源等于1986年在昆仑山北坡和阿尔金山地区及塔里木盆地南缘所采集的约500号标本。更为重要的是，中国科学院西北高原生物研究所青藏高原生物标本馆自建馆近60年以来，收藏有青藏高原地区的动植物标本已达57万份。此外还有中国科学院昆明植物研究所、北京植物研究所和成都生物研究所、新疆生态与地理研究所、新疆农业大学、石河子大学、兰州大学、西北师范大学等标本馆（室）所收藏的青藏高原地区100000份左右的植物标本，以及北京动物所、昆明动物所、西北高原生物研究所和成都生物研究所等单位收藏的各类动物标本等。

作为科学依据，这些标本的采集和保藏，都是国家和地方以及中国科学院历年来多次专项、综合和重大自然科学基金支持的研究项目所产生的宝贵财富，也是青藏高原北部高寒地区生物科学研究资源独一无二的特色积累。

近年来，连续不断的补点考察为独具高原特色的中国科学院青藏高原生物标本馆每年增加着数千份本区珍贵的植物标本。这类"空白区"和"薄弱区"植物标本的继续收集、保藏，对青藏高原生物学及其相关学科的理论研究和学科发展以及科学传播等方面将产生积极和深远的影响。

我本人有着40年在青藏高原野外科学探险考察的经历，积累了大量的第一手科研资料和植物图片，为我们完成本书奠定了基础。《西藏哺乳类》《西藏鸟类志》《青海经济动物志》《西藏植物志》《青海植物志》《青藏高原微管植物及其生态地理分布》《昆仑植物志》《新疆植物志》，以及新近的《青海植物检索表》等的陆续出版，都为我们全面了解青藏高原北部高原高山区的高寒灌丛、高寒草甸、高寒草原以及高山流石坡稀疏植被等地带的动植物分布并顺利完成本书有着极大的帮助。

所以，无论是从对我国生物学研究的发展和区域性研究方向的长远考虑，还是从对青藏高原生物学的深入研究和发展以及科学传播的责任来看，都应加强对这方面的研究和人才培养。这也是我们积极投入本书的编撰并希望得到支持的重要原因。

本书的出版，可在填补青藏高原北部高原高山地区生态博物学空白的同时，为国家的高原生物学培养传统学科的研究人才提供参考。

衷心感谢北京出版集团将本书列入重点出版规划，为本书的编辑出版提供各种便利和指导，感谢李清霞女士、刘可先生、杨晓瑞女士等人的热情付出和帮助！

吴玉虎

于西宁
2024年1月

目 录

第一章
概述

Chapter one

被喻为地球第三极的青藏高原，以其独有的海拔高度，汇聚了亚洲许多巨大的山系而成为亚洲主要河流的发源地，并因而被誉为亚洲水塔，是一个独特的自然地理区域。这里是由昔日的特提斯大洋不断隆升、崛起，最后变成今天地球上最高、最大和最具特色的高原。它不仅改变了亚洲和全球的地理面貌，同时也改变了亚洲乃至北半球的大气环流以及气候与生态等自然系统的格局，更因此而成为全球生物多样性的独特区域和重点保护区、大型珍稀动物种群的集中分布区、众多先锋植物的开疆拓土区、中国气候变化的预警区和亚洲季风的启动区，以及全球变化的敏感区和典型生态系统的脆弱区，成为地球科学的最大谜题。更重要的是，这里同时又被认为是一个可供全球环境变化研究的天然实验室和一把解开地球科学之谜的金钥匙，因而亦成为20世纪80年代以来地球系统科学研究的一个热点和知识创新的生长点，并进而成为当今国际学术界强烈竞争的重要地区，而其北部的高原高山高寒区更是整个青藏高原海拔最高、地域最广、生物多样性最为丰富和最为独特的代表区域。

青藏高原北部高寒区的范围，大致包括除柴达木盆地以外的青海省全部和西藏北部的羌塘高原，以及新疆南部的高原高山地带。本区占据着整个青藏高原上真正的高原、高山地带。其自然地理单元包括东帕米尔高原、喀喇昆仑山、昆仑山及其东延部分的阿尔金山和祁连山，巴颜喀拉山和阿尼玛卿山，还有冈底斯山、唐古拉山、念青唐古拉山等众多大大小小的山脉及其间辽阔渺远的河谷湖盆地带。

就地理位置而言，这一地区还是靠近我国与吉尔吉斯斯坦、塔吉克斯坦、阿富汗、巴基斯坦和印度等多个国家和地区接壤处。跨越中国的新疆、西藏、青海、四川、甘肃等地，地理位置十分重要，国际影响广泛。区内有羌塘、阿尔金山、可可西里、江河源和祁连山等5个国家级自然保护区。分布着典型而独特的高寒类型植被和我国最大的野生动物群，生态地理景观和生物区系成分更是十分丰富。

青藏高原深居内陆，远离海洋，其气候属于典型的高原大陆性气候，高寒而干旱，冬长夏短，四季不分明，但干湿两季分明。空气透明度高，辐射冷却作用强烈，降水量少，蒸发量高，气温垂直变化明显。寒冷的冬半年（9月至翌年4月）为干季（冷季），受西风环流和高原冷高压控制，气候寒冷、干燥，多大风。温暖的夏半年（5—8月）为湿季（暖季），受来自太平洋的东南季风末梢和来自印度洋的西南暖流的影响，气温和降水的高峰同时出现。再加上本区北部常年受到中亚干旱气候的影响，在本区的青海一侧形成了一个我国三大气候区（青藏高寒区、东南季风区、西北干旱区）和三大植物区（青藏高原高寒植物区、黄土高原温性植物区、亚洲东部荒漠植物区）的交汇过渡地带。

倘若游客从青海东部的河湟谷地进入青藏高原腹地，沿着青藏公路或青藏铁路去拉萨做一次观光旅行，将会依次途经并可以全面领略前人根据自然地理、地貌、气候、植被等生态地理环境的不同而划分出的我国这三大气候区，及其影响下的三大自然地理区域和三大植物区系所支撑着的迥然不同的自然地理和生态景观，并感受到其间动植物种类分布的明显变化。除了青藏高原东北部柴达木盆地干旱荒漠区不在本卷涉及的范围之内，其余两大涉及区域无论在地形地貌、植被景观和动植物种类分布方面均各有特色。

青藏高原东部和东北部平行岭谷地带的祁连山地属于温性草原、森林和灌丛区。在自然地理上，这里属于黄土高原与青藏高原的过渡地带，其西面靠近柴达木盆地，东部的祁连山是青海省和甘肃省的界山。这里海拔相对较低，谷地海拔 1700~2400 m，山地海拔平均约 3600 m。本区气温相对较高，并受东南季风的影响，降水较多，是青藏高原东部气候条件比较优越的地区，植被以温性植被为主。在兼具高寒灌丛、高寒草甸和高山流石坡稀疏植被的前提下，本区的东南部作为青海省主要次生林和水源涵养林基地，则以河谷森林灌丛植被为主。主要植被有以青海云杉（*Picea crassifolia*）和青杆（*P. wilsonii*）、油松（*Pinus tabulaeformis*）等为主的寒温性常绿针叶林；以祁连圆柏（*Sabina przewalskii*）为主的暖温性常绿针叶林，以及以山杨（*Populus davidiana*）、青杨（*Populus cathayana*）、白桦（*Betula platyphylla*）、糙皮桦（*B. utilis*）和红桦（*B. albo-sinensis*）为主的落叶阔叶林和它们的混交林等森林植被；以具鳞水柏枝（*Myricaria squamosa*）和西北沼委陵菜（*Comarum salesovianum*）等为优势种的河谷灌丛；以小叶锦鸡儿（*Caragana microphylla*）、直穗小檗（*Berberis dasystachya*）、矮锦鸡儿（*C. maximoviziana*）等分别为建群种的温性落叶灌丛；以分别分布于水分条件良好的山地中上部半阴、半阳坡和大片的滩地金露梅（*Potentilla fruticosa*），阴坡和半阴坡的山生柳（*Salix oritrepha*）以及高山绣线菊（*Spiraea alpina*）、鬼箭锦鸡儿（*C. jubata*）、窄叶鲜卑花（*Sibiraea angustata*）等为主的高寒落叶灌丛，以及以分别分布于山地阴坡、半阴坡的青海杜鹃（*Rhododendron przewalskii*）、头花杜鹃（*R. capitatum*）、百里香杜鹃（*R. thymifolium*）等为建群种的常绿革质叶高寒灌丛植被；以分别分布于黄土丘陵干旱地带的短花针茅（*Stipa breviflora*）、长芒草（*S. bungeana*）、西北针茅（*S. krylovii*）、芨芨草（*Achnatherum splendens*）、冷蒿（*Artemisia frigida*）、铁杆蒿（*A. gmelinii*）等为建群种的温性草原和紫花针茅（*Stipa purpurea*）高寒草原植被；以分别分布于山顶和局部阳坡地段的矮嵩草（*Kobresia humilis*）、小嵩草（*K. pygmaea*）等为建群种的高寒草甸植被以及河谷和山地杂类草草甸植被；以垂穗披碱草（*Elymus nutans*）为建群种的滩地次生草甸植被；以葶苈（*Draba*）、山莓草（*Sibbaldia*）、风毛菊（*Saussurea*）、雪灵芝（*Arenaria*）、红景天（*Rhodiola*）、紫堇（*Corydalis*）、点地梅（*Androsace*）、兔耳草（*Lagotis*）等属植物为主的高山流石坡稀疏植被。

以青藏高原北缘的昆仑山一线向南直到藏北羌塘高原，其中包括西部峰谷深切的东帕米尔高原和喀喇昆仑山脉及广阔辽远而相对平坦的西藏阿里高原，直到冈底斯山和念青唐古拉山一线，还有被誉为中华水塔的由黄河、长江和澜沧江源区组成的江河源区，这一系列的高原、高山和宽谷、湖盆、河滩，共同组成了青藏高原巨大的高原面及其周边高差巨大的深切峰谷地貌。这里，正是本书所涉及的青藏高原北部高原高山的高寒区域范围。

作为青藏高原平均海拔最高的北部高原高山区，这里属于真正的青藏高原高寒区，有许多地方是呈现着地球原始风貌的无人区。除了西部边缘地带少量的高山峡谷外，该地区保存着青藏高原最完整的高原夷平面。海拔高亢，地势辽阔，河流纵横交错、湖泊星罗棋布，山地切割不深。地貌多为相对高差较小的浑圆山顶和宽谷湖盆相间。夏半年受西南暖湿气流的影响，降水较多，而冬半年则受到强大的青藏高压控制，干旱少雨。这些环境特点，体现在生物多样性方面，就是对各类动植物的高原、高山特化作用强烈。本区与相邻的川西高原一起，是青藏高原典型的高寒灌丛、高寒草甸、高寒沼泽草甸、高山垫状植被、高山流石坡稀疏植被以及高寒草原和高寒荒漠草原植被的集中发育区，分布着极其丰富而典型的耐寒、湿生、旱生的高山植物，同时也是青藏高原上各类大型动物种群广泛分布和集中的栖息地以及往返迁徙和繁殖的场所，更是青藏高原特有的藏羚羊、野牦牛、藏野驴、藏原羚、普氏原羚和棕熊等哺乳动物，黑颈鹤、斑头雁、大天鹅、棕头鸥、秃鹫、胡兀鹫等鸟类，以及众多爬行动物、冷水鱼类的故乡。

青藏高原北部高寒区包括动植物区系在内的自然生态系统具有原始性、典型性、完整性和脆弱性等突出特点。其自然环境的差异，除了本区东南部地区发育着的大片寒温性森林和灌丛草甸植被外，在其中西部地区，则由于受西南暖湿气流的影响逐渐减弱以至完全消失，其植被除了广泛发育着的高寒灌丛、高寒草甸外，更以高寒草原和高寒荒漠草原为主，同时也生长着我国独特的垫状植被和高山流石坡稀疏植被。

这里的高寒植被组成主要有以莎草科嵩草属（*Kobresia*）冷中生植物为建群种的高寒草甸和高寒沼泽草甸；以禾本科针茅属（*Stipa*）和扇穗茅属（*Littledalea*）等

寒旱生种类为建群种的高寒草原；分别以垫状点地梅（*Androsace tapete*）和苔状雪灵芝（*Arenaria musciformis*）、匍匐水柏枝（*Myricaria prostrata*）等为主的高山垫状植被；以耐寒的川西云杉（*Picea likiangensis* var. *balfouriana*）和耐寒旱的大果圆柏（*Sabina tibetica*）、密枝圆柏（*S. convallium*）等为建群种而局限于本区东南部的高山常绿针叶林植被，分布于山地半阴坡的以白桦（*Betula platyphylla*）、糙皮桦（*B. utilis*）为优势种的落叶阔叶林以及以分布于阴坡、半阴坡山地和河谷滩地的金露梅（*Potentilla fruticosa*）、山生柳（*Salix oritrepha*）、鬼箭锦鸡儿（*Caragana jubata*）、沙棘（*Hippophae rhamnoides*）和多种杜鹃（*Rhododendron spp.*）等分别为建群种的高寒灌丛植被，以及以水母雪莲（*Saussurea medusa*）、四裂红景天（*Rhodiola quadrifida*）、扁芒菊（*Waldheimia glabra*）、团垫黄耆（*Astragalus arnoldii*）、无苞双脊荠（*Dilophia ebracteata*）、喜山葶苈（*Draba oreades*）、簇生柔子草（*Thylacospermum caespitosum*）等为常见种的高山流石坡稀疏植被等。这一区域正是本书涉及的重点。

蔷薇科的委陵菜属（*Potentilla*），豆科的黄耆属（*Astragalus*）和棘豆属（*Oxytropis*），龙胆科的龙胆属（*Gentiana*），玄参科的马先蒿属（*Pedicularis*），菊科的风毛菊属（*Saussurea*）和禾本科的早熟禾属（*Poa*）、针茅属（*Festuca*）、羊茅属（*Stipa*），还有莎草科的嵩草属（*Kobresia*）、薹草属（*Carex*）以及百合科的葱属（*Allium*）等，无论是其种类数量或是其中一些重要种类的建群面积，都在青藏高原各高寒类型的植被中占有举足轻重的优势地位。它们除了广泛伴生并参与组建各类高寒植被以外，其中许多种还是一些被称为"五花草甸"的杂类草高寒植被的优势种和局部地段的建群种甚至单一建群种，其景观和生态功能更是无可替代。

本区的土壤是在高寒气候条件下形成的。主要土壤类型为高山草甸土、高山草原土、寒漠土、岩漠土、高山森林土、高山灌丛草甸土、灰褐土以及少量的沼泽土、栗钙土和风沙土等。青藏高原北部高原高山区的生态系统和动植物区系就是在这种高寒类型的生态环境下形成的。

第二章

青藏高原高寒灌丛

Chapter Two

一、高寒灌丛生态系统

　　高寒灌丛是由耐寒性很强的中生或旱中生灌木为建群层片所形成的植物群落。它们广泛分布于青藏高原北部寒温性森林线以上的高山带，并与高寒草甸植被的类型成分呈复合型分布，构成高寒灌丛草甸带，这一类型是具有垂直地带性意义的相对稳定的原生植被类型。高寒灌丛的共同特点是能够适应低温、大风、干燥和长期积雪的高寒气候，并有独特的适应方式，如：叶片常绿，革质而厚，背面被鳞片，角质层发达；或植株低矮，枝条密集，冷季落叶；或茎枝缩短以至强烈缩短，匍匐地面，成为垫状；等等。这些适应方式选择的结果就形成了群落外貌的明显差异。这类高寒灌丛主要由北温带成分的杜鹃属（*Rhododendron*）、柳属（*Salix*）、绣线菊属（*Spiraea*）、金露梅属（*Potentilla*）和温带亚洲成分的锦鸡儿属（*Caragana*）等的种类，分别以特征种和建群种的身份建群组成。其下的草本植物成分复杂，种类较多，以多年生耐寒中生的湿冷

针阔叶混交林景观1

针阔叶混交林景观2

祁连山脉的牛心山

生植物为主，地理成分以北极—高山成分和中国—喜马拉雅成分为优势。

青藏高原北部高寒区的高寒灌丛通常可以分为高寒常绿灌丛和高寒落叶灌丛两大类。

前者主要有百里香杜鹃（*Rhododendron thymifolium*）、头花杜鹃（*Rhododendron capitatum*）灌丛和青海杜鹃（*Rhododendron przewalskii*）灌丛。后者主要有高山柳（*Salix oritrepha*）灌丛、金露梅（*Potentilla fruticosa*）灌丛、鬼箭锦鸡儿（*Caragana jubata*）灌丛、窄叶鲜卑

血满草

头花杜鹃灌丛

花（*Sibiraea angustata*）灌丛、沙棘（*Hippophae rhamnoides*）灌丛和西藏沙棘（*Hippophae thibetana*）灌丛。各不同类型灌丛植被的灌木层伴生种分别主要有金露梅、高山绣线菊、鬼箭锦鸡儿、高山柳、烈香杜鹃、刚毛忍冬、窄叶鲜卑花、西藏忍冬等。除西藏沙棘灌丛外，其余各类灌丛下的草本层植物种类均较丰富，并多以草甸中生植物为主，常可达到80%~100%的盖度。而在建群的灌木类植物分布稀疏时则呈现出高寒灌丛草甸的外貌。常见和重要的草本植物有嵩草（*Kobresia* ssp.）、蓼（*Polygonum* ssp.）、兰石草（*Lancea*

西北沼委陵菜、高山柳灌丛及流石坡

tibetica)、绿绒蒿(*Meconopsis* ssp.)、马先蒿(*Pedicularis* ssp.)、藏异燕麦(*Helictotrichon tibeticum*)、薹草(*Carex* ssp.)、龙胆(*Gentiana* ssp.)、风毛菊(*Saussurea* ssp.)、黄耆(*Astragalus* ssp.)、早熟禾(*Poa* ssp.)、火绒草(*Leontopodium* ssp.)、虎耳草(*Saxifraga* ssp.)、长叶无尾果(*Coluria longifolia*)等。

另有温性灌丛,是由喜温的中生、旱中生或旱生灌木为建群层片的植被类型,多局限分布于海拔高度相对较低的祁连山地等处,常沿河谷两侧的低山带呈小面积块状分布,应属森林带内和林缘地带的植被类型。温性灌丛虽多占据着林带内土层较薄等

立地条件较差而致乔木树种难以生存的边缘地段，或因人类的采樵、火烧、农耕等活动而成为森林破坏之后演替的次生类型，但已成为较稳定的群落。

温性灌丛的区系成分相对简单，通常以落叶植物为主，大多是沿河谷进入高原的我国华北区系成分，分布于青藏高原区东部的祁连山地一带气候较为温暖的河谷与山地下部。

主要的有以直穗小檗（*Berberis dasystachya*）、西北小檗（*Berberis vernae*）和虎榛子（*Ostryopsis davidiana*）等分别为建群种的灌丛。灌木层的伴生种分别主要有金露梅、

金露梅和沙棘灌丛

峨眉蔷薇（*Rosa omeiensis*）、绣线菊（*Spiraea* ssp.）、茶藨子（*Ribes* ssp.）、西藏沙棘（*Hippophae thibetana*）、忍冬（*Lonicera* spp.）、丁香（*Syringa* ssp.）、栒子（*Cotoneaster* ssp.）、锦鸡儿（*Caragana* ssp.）、山杏（*Armeniaca sibirica*）。草本层的伴生种常见的有臭草（*Melica scabrosa*）、铁线莲（*Clematis* ssp.）、柴胡（*Bupleurum* ssp.）、川赤芍（*Paeonia beitchii*）、攀缘天门冬（*Asparagus brachyphyllus*）、白草（*Pennisetum flaccidum*）、披碱草（*Elymus* ssp.）、落芒草（*Oryzopsis munroi*）、针茅（*Stipa* ssp.）、

蕨菜（*Pteridium aquilinum* var. *latiusculum*）、多种蒿（*Artemisia* ssp.）、早熟禾（*Poa*
ssp.）等。还有藤本的大萼铁线莲（*Clematis macropetala*）、何首乌（*Fallopia aubertii*）
和穿龙薯蓣（*Dioscorea nipponica*）等。

金露梅灌丛草甸

二、高寒灌丛常见物种

扭曲野粮衣
Circinaria tortuosa (H. Magnusson) Q. Ren

属 野粮衣属 Circinaria Link

科 大孢衣科 Megasporaceae

地衣体：壳状，红褐色、深绿褐色至苍白色，较厚，表面被粉霜，边缘裂片脱离基物生长有时呈亚枝状，直径2~3 mm，中央部位具不规则形的小网疣，直径0.8~2 mm，厚1~2 mm，常扭曲呈波浪状，偶见凸起呈近枝状；裂片：表面墨绿色，常无皮层，表面具裂缝和粉霜；皮层：厚30~35 μm，皮层外覆胶质层，厚13.5~25 μm，无晶体，藻细胞有时簇生；髓层：具大量晶体；子囊盘：罕见，单生，直径0.4~0.7 mm；果托缘部肿胀，盘面深凹，被浓厚的粉霜；子囊及子囊孢子：子囊内含2~4个孢子，孢子近球形，直径17.5~27.5×15~20 μm；地衣特征化合物：地衣体K−、C−、PD−，未检测到地衣次生代谢产物。

生长于半干旱、干旱区硅质岩或卵石及沙土表面，海拔2000~4000 m。在我国分布于甘肃、新疆、青海。

糙聚盘衣

Glypholecia scabra (Pers.) Müll. Arg.

地衣体：鳞片状至鳞壳状，单生或聚生，边缘有时略下卷，直径5~10 cm；上表面：青灰色、灰白色至红棕色，具裂隙及褶皱，局部密被粉霜，有时仅鳞片边缘具粉霜；下表面：具脐，粗糙，苍白色或淡棕色，无下皮层和假根；髓层：白色，有草酸钙晶体，菌丝网状疏松；子囊盘：稀见至丰多，幼时呈点状，成熟后单生至聚生，凹陷于地衣体表面至微凸起，盘面暗棕色至黑色，具裂隙和瘤状突，盘缘与地衣体同色；子囊及子囊孢子：子囊棒状，内含众多孢子；孢子椭球形至球形，无色厚壁，直径3.5~5×3~4 μm；地衣特征化合物：皮层及髓层K-，C+红色，KC+红色，P-，含 gyrophoric acid。

石生，偶见土生，海拔1600~4000 m。在我国分布于甘肃、新疆、宁夏、西藏。世界上其他干旱地区也有分布。

属	聚盘衣属	Glypholecia Nyl.
科	微孢衣科	Acarosporaceae

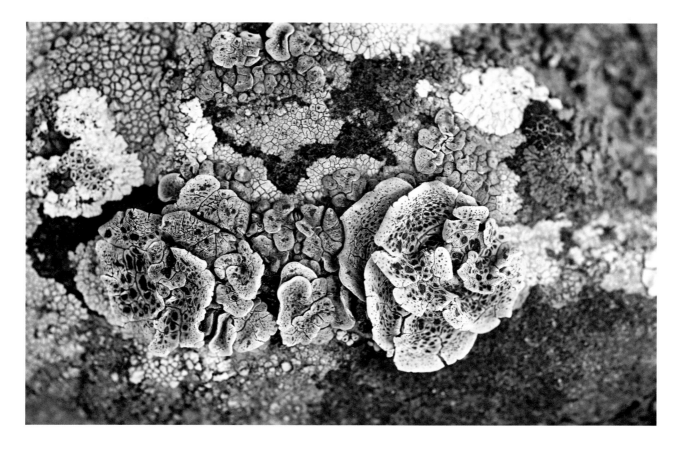

山羽藓

Abietinella abietina (Hedw.) M. Fleisch.

属	山羽藓属	Abietinella Müll. Hal.
科	羽藓科	Thuidiaceae

植物体健硕，幼嫩部分黄绿色，主茎及枝基部呈黄褐色，一回羽状分枝，长可达10 cm。鳞毛生于主茎，披针形至线形，具分枝。茎叶基部阔卵形，渐向上呈披针形，具1至多条纵褶；叶边略背卷；中肋长占叶长70%以上，末端背侧具齿突。叶中部及基部细胞具单疣。

生长于海拔1200 m以上的林地或林缘半开阔地带。广泛分布于北温带。

银粉背蕨

Aleuritopteris argentea (S. G. Gmel.) Fée

属	粉背蕨属	Aleuritopteris Fée
科	中国蕨科	Sinopteridaceae

　　植株高15~30 cm。根状茎短，斜升或横走，顶端被棕色、具光泽的线状披针形鳞片。叶簇生，柄长9~20 cm，纤细，红棕色至栗褐色，有光泽，光滑或基部疏被与根茎相同的鳞片；叶片五角形，长宽近相等，4~7 cm，顶端渐尖或尾尖，羽片3~5对，基部三回羽裂，中部二回羽裂，上部一回羽裂；基部一对羽片最大，三角形，水平开展或斜向上，顶端渐尖，基部上侧与叶轴合生，不等侧的二回羽裂，小羽片4~5对，二回羽片长圆状披针形，基部下侧一个二回羽片最大，羽状分裂；小裂片3~5对，三角形或镰刀形；中部羽片长圆状披针形，不整齐，一回羽裂，裂片3~5对，三角形或镰刀形；叶干后纸质，下面被浓厚的乳白色粉末。孢子囊群生于脉端，囊群盖连续，膜质，全缘，淡绿色。

　　生长于海拔2000~3000 m的干旱山坡、沟谷林下、林缘灌丛、岩石缝隙。广布于全国各地。尼泊尔、缅甸、印度、俄罗斯、蒙古国、朝鲜、日本也有分布。

　　生态地位：伴生种。

　　经济价值：可作观叶植物引种栽培，美化环境。

掌叶铁线蕨
Adiantum pedatum Linn.

属	铁线蕨属	Adiantum Linn.
科	铁线蕨科	Adiantaceae

植株高30~60 cm，根状茎短，直立或横卧，被深棕色、阔披针形鳞片。叶簇生或近生，柄长10~35 cm，栗色或栗黑色，有光泽，基部被和根茎相同的鳞片；叶片掌状，长宽几相等或宽稍大于长，叶轴由叶柄顶端向两侧二叉分枝，每个分枝的上侧再生出4~6片羽片，各羽片相距1~2 cm，条带状，中间羽片较大，长达20 cm，宽2~3.5 cm，两侧羽片向外渐短，顶端一片最小，一回羽状；小羽片20~25对，互生，斜长方形或斜长三角形，有短柄，中间的小羽片较大，长可达2 cm，宽约0.8 cm，上缘浅裂至深裂，圆头或钝头，两侧边近平截，全缘，基部为不对称的楔形，裂片钝圆形，上缘有钝齿；叶脉二叉分枝，直达叶边。叶薄，草质，绿色，背面灰绿色，近膜质，全缘。

生长于海拔2200~2800 m的山沟及山坡林下、林缘灌丛、河岸石崖下、阴湿处。在我国分布于青海、甘肃、陕西、山西、河南、河北。朝鲜、日本及北美洲也有分布。

生态地位：伴生种。

经济价值：带根全草入药。可作观叶植物引种栽培，美化环境。

近多鳞鳞毛蕨

Dryopteris komarovii Kossinsky.

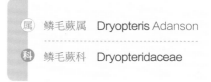

<table>
<tr><td>属</td><td>鳞毛蕨属</td><td>**Dryopteris** Adanson</td></tr>
<tr><td>科</td><td>鳞毛蕨科</td><td>**Dryopteridaceae**</td></tr>
</table>

植株高20~40 cm。根状茎粗壮，密被棕色或红棕色、卵状披针形的大鳞片。叶簇生；柄长5~8 cm，被棕色、披针形或卵状披针形鳞片；叶片长圆状披针形，长18~30 cm，宽6~10 cm，顶端渐尖，基部略缩短，二回羽状或三回羽裂；羽片10~15对，互生，披针形，中部羽片较大，长4~7 cm，宽1~2 cm，顶端钝尖，无柄，一回羽状；小羽片8~10对，下部对生，上部互生，长圆形，长0.6~1 cm，宽4~6 mm，顶端钝圆，具整齐的三角形齿牙，基部与羽轴合生，边缘具圆齿或基部数对为羽状浅裂；孢子囊群生于小羽轴两侧；囊群盖棕色，膜质，边缘具锯齿。

生长于海拔2600~4100 m的山坡林缘灌丛、岩石缝隙、沟谷林下、水沟边。在我国分布于青海、甘肃、陕西、四川、云南、西藏、台湾。俄罗斯、印度、尼泊尔、不丹、缅甸也有分布。

生态地位：伴生种。

天山瓦韦
Lepisorus albertii (Rogel) Ching

属	瓦韦属 Lepisorus (J. Sm.) Ching
科	水龙骨科 Polypodiaceae

植株高6~12 cm。根状茎横走，粗壮，直径3~5 mm，密被鳞片；鳞片褐色或黑色，披针形或卵状披针形，顶端长渐尖，边缘具开展的细长针状齿，筛孔长方形，透明有虹光。叶近生；柄长1~2.5 cm，纤细，禾秆色；叶片线状披针形，长5~10 cm，宽3~7 mm，顶端钝渐尖或钝圆，基部下延，楔形，两侧边全缘；叶脉不明显；叶干后为厚纸质，褐绿色，背面淡灰色，光滑或偶有少许黑褐色、披针形小鳞片。孢子囊群圆形，中等大，直径1~2 mm，靠近中肋着生，彼此相距2~3 mm；孢子囊环带的孢壁不增厚；隔丝盾形，黑色，边缘具刺状齿。

生长于海拔3100~4100 m的沟谷林下、林缘山坡灌丛、岩石缝隙中。在我国分布于青海、新疆、甘肃、四川、河北、山西。哈萨克斯坦也有分布。

生态地位：伴生种。

经济价值：全草入药。

华槲蕨

Drynaria sinica Diels

土生或石生，偶附生树干基部。植株高16~50 cm。根状茎肉质，横走，密被鳞片。叶二型，不育叶短小，无柄，卵状披针形或长圆状披针形，长12~18 cm，宽4~5 cm，黄绿色或褐黄色，羽状深裂达羽轴；能育叶长大，柄长3~8 cm，直径2~3 mm；叶片狭长或长圆状披针形，顶端渐尖，下部裂片略狭或缩成耳形，长20~40 cm，宽4~10 cm，羽状深裂达叶轴；裂片15~25对，互生，线状披针形，长2.5~6 cm，宽0.5~1 cm，顶端钝或渐尖，边缘有细齿或缺刻；叶纸质，两面沿叶脉及叶轴疏被白色短毛；叶脉网状，明显，有内藏小脉。孢子囊群圆形，沿主脉两侧各排成整齐的一行，靠近主脉。

生长于海拔2100~3800 m的山坡林下、林缘灌丛、山沟水边、河滩湿地、沟谷林中、岩石缝隙、林区田边。在我国分布于青海、甘肃、陕西、西藏、四川、云南、内蒙古、山西、河南。

生态地位：伴生种。

经济价值：根状茎入药。

属	槲蕨属	Drynaria J. Sm.
科	槲蕨科	Drynariaceae

肾叶山蓼

Oxyria digyna (Linn.) Hill.

属　山蓼属　Oxyria Hill.

科　蓼科　Polygonaceae

多年生草本，高10~20 cm。茎直立，单一或数条自根状茎生出，无毛。基生叶叶片肾形或圆肾形，顶端圆钝，基部宽心形，全缘或微波状，上面无毛；叶柄长可达12 cm；托叶鞘膜质，短筒状，顶端偏斜。花序圆锥状，分枝极稀疏，无毛；花2~6朵着生在膜质苞片内；花梗纤细，中下部具关节；花被片4，淡红色，边缘白色，外轮2枚较小，反折，内轮2枚果期增大，倒卵形，直立，紧贴果实。瘦果淡红色，边缘具小齿。花期6—7月，果期7—9月。

生长于海拔3400~4400 m的山坡草地、河谷阶地、高寒草甸石隙、河沟水边岩缝、河滩湿地。在我国分布于青海、新疆、甘肃、陕西、西藏、云南、四川、吉林。日本、朝鲜、蒙古国、塔吉克斯坦、吉尔吉斯斯坦、哈萨克斯坦、印度、阿富汗、不丹、尼泊尔、巴基斯坦、伊朗，欧洲、北美洲也有分布。

生态地位：伴生种。

经济价值：叶有麻味，可食。全草可作药用。

西宁酸模

Rumex xiningensis Y. H. Wu

多年生草本，高40~80 cm。根圆锥形，肥厚。茎丛生，直立，中空。基生叶具柄；叶片长圆形，长10~15 cm，宽2~7 cm，顶端急尖或钝，基部圆形或心形，边缘皱波状，无毛；托叶鞘褐色，薄膜质，易破裂脱落。花序大，呈圆锥状，分枝多，密集，上部通常蜿蜒状；花轮状簇生，密集；花梗纤细，中部以下具关节；花被片6，绿色带紫红色，外轮3枚长椭圆形，内轮3枚三角状卵形，果期增大，顶端圆钝或钝尖，基部楔形，网脉明显并突起，边缘具4~12个长短和宽窄均不等的齿或刺，每片中脉下半部具1狭卵状长圆形的小瘤；小瘤长2~3 mm，粗1~1.5 mm，先端钝或尖，常带淡红色，基部色较重；雄蕊3对；花柱3，弯垂，柱头画笔状。瘦果卵状三棱形，长约3 mm，褐色，有光泽。花期5—6月，果期6—7月。

生长于海拔1000~3000 m的河湖堤岸。在我国分布于青海。

生态地位：极小种群伴生种。

属	酸模属	Rumex Linn.
科	蓼科	Polygonaceae

甘青侧金盏花
Adonis bobroviana Sim.

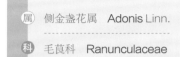

属	侧金盏花属 Adonis Linn.
科	毛茛科 Ranunculaceae

多年生草本，高7~40 cm，根状茎长约10 cm，深褐色。茎分枝，具细棱，基部具膜质鳞片。茎中上部的叶发育，无柄或具极短的柄；叶长4~8 cm，宽2~4 cm，卵形或窄卵形，二至三回羽状细裂，羽片3~4对，末回裂片披针形至线形，宽1~3 mm，顶端锐尖，边缘有稀疏的小腺毛或无毛。花大，美丽，直径2~4 cm；萼片5，卵形，长1~1.6 cm，带紫色，顶端尖；花瓣8~12，黄色，外面带紫色，椭圆形、倒卵形或倒披针形，长2~2.2 cm，宽3~8 mm，具多数凸起的细脉，基部较窄，顶端钝，雄蕊多数长3~4 mm，花丝丝状，花药黄色，窄椭圆形；心皮多数，具向外弯的短花柱。瘦果呈倒卵状球形，长约4 mm，具隆起的脉网，疏被短柔毛，花柱宿存，向下弯曲。花果期5—8月。

生长于海拔2250~2400 m的山地阴坡草地。在我国分布于青海、甘肃、内蒙古。

生态地位：伴生种。

经济价值：可用作园林绿化、美化。

乳突拟耧斗菜

Paraquilegia anemonoides (Willd.) Engl. ex Ulbr.

多年生草本，高10~18 cm。根状茎粗壮，深褐色，上部宿存极多密集的花葶与叶柄的枯萎残留部分。叶多数，丛生，一回三出复叶，叶片轮廓三角形，宽1~4 cm。小叶肾形或半圆形，长约1 cm，宽约1.5 cm，小叶柄长0.2~1.0 cm，小叶片三全裂或三深裂；叶柄长2~9 cm。花葶一至数个，高于叶，长6~18 cm；苞片2枚，生于花下，倒披针形或披针形，长5~8 mm；花直径3~4 mm，萼片浅蓝色或浅堇色，倒卵形或宽椭圆形，长1.2~2 cm，宽1~2 cm，顶端钝或圆形，花瓣卵形或倒卵形，长4~5 mm，顶端钝或尖；花丝长5~8 mm，花药黄色，心皮5，褐色，花柱与子房近等长。花期7—8月。

生长于海拔2300~4100 m的山坡灌丛、沟谷林缘、河岸崖壁、岩石缝隙中。在我国分布于青海、西藏、甘肃、宁夏、新疆、内蒙古。伊朗、阿富汗也有分布。

生态地位：伴生种。

经济价值：花色美丽，可用作园林绿化、美化。

属　拟耧斗菜属　**Paraquilegia** Drumm. et Hutch.

科　毛茛科　Ranunculaceae

唐古特乌头
Aconitum tanguticum (Maxim.) Stapf

属 乌头属 Aconitum Linn.

科 毛茛科 Ranunculaceae

多年生草本，高8~30 cm。块根纺锤形或倒圆锥形。茎分枝。基生叶具长柄；叶片圆形或圆肾形，长1~4 cm，宽1.5~4 cm，3深裂；叶柄长2~8 cm，基部具鞘；茎生叶1~2，通常具短柄。顶生总状花序，具数花；萼片蓝紫色，外面被短柔毛，上萼片船形，高1.5~2.5 cm，宽5~7 mm，下缘稍凹或平直，长1.2~2 cm，下萼片宽椭圆形；花瓣极小，距短；花丝疏被毛，有时具2齿；心皮5，无毛。花期7—9月。

生长于海拔3450~4700 m的河滩草甸、阴坡灌丛、高寒草甸、河谷阶地草甸、高山流石坡。在我国分布于青海、甘肃、陕西、西藏、云南、四川。

生态地位：伴生种。

经济价值：全草入药，清热解毒。

桃儿七

Sinopodophyllum hexandrum (Royle) Ying

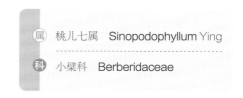

属 桃儿七属　Sinopodophyllum Ying

科 小檗科　Berberidaceae

多年生草本，植株高20~50 cm。根状茎粗短，节状，多须根；茎直立，单生，具纵棱，无毛，基部被褐色大鳞片。叶2枚，薄纸质，非盾状，基部心形，3~5深裂几达中部，裂片不裂或有时2~3小裂，裂片先端急尖或渐尖，上面无毛，背面被柔毛，边缘具粗锯齿；叶柄长10~25 cm，具纵棱，无毛。花大，单生，先叶开放，两性，整齐，粉红色；萼片6，早萎；花瓣6，倒卵形或倒卵状长圆形，长2.5~3.5 cm，宽1.5~1.8 cm，先端略呈波状；雄蕊6，长约1.5 cm，花丝较花药稍短，花药线形，纵裂，先端圆钝，药隔不延伸；雌蕊1，长约1.2 cm，子房椭圆形，1室，侧膜胎座，含多数胚珠，花柱短，柱头头状。浆果卵圆形，长4~7 cm，直径2.5~4 cm，熟时橘红色；种子卵状三角形，红褐色，无肉质假种皮。花期5—6月，果期7—9月。

生长于海拔2300~3800 m的阴坡林下、沟谷灌丛中、疏林草甸、河滩林缘湿地。在我国分布于青海、甘肃、陕西、西藏、云南、四川。尼泊尔、不丹、印度、巴基斯坦、阿富汗也有分布。

生态地位：伴生种。

经济价值：根入药。

红花绿绒蒿
Meconopsis punicea Maxim.

属	绿绒蒿属 Meconopsis Vig.
科	罂粟科 Papaveraceae

多年生草本，高30~75 cm。基部盖以宿存的叶基，其上密被淡黄色或棕褐色、具多短分枝的刚毛。叶全部基生，莲座状，叶片倒披针形或狭倒卵形，长3~18 cm，宽1~4 cm，先端急尖，基部渐狭，边缘全缘，两面密被淡黄色或棕褐色、具多短分枝的刚毛，明显具数条纵脉；叶柄长6~34 cm，基部略扩大成鞘。花葶1~6，从莲座叶丛中生出，通常具肋。花单生于基生花葶上，下垂；花瓣4，有时6，椭圆形，先端急尖或圆，深红色；花丝条形，花药长圆形，黄色；子房宽长圆形或卵形，长1~3 cm，密被淡黄色、具分枝的刚毛，花柱极短。蒴果椭圆状长圆形，无毛或密被淡黄色、具分枝的刚毛，4~6瓣自顶端微裂。种子密具乳突。花果期6—9月。

生长于海拔2300~4600 m的山坡草地、高山灌丛草甸。在我国分布于青海、甘肃、西藏、四川。

生态地位：伴生种。

经济价值：花色美丽，可供观赏。

秃疮花
Dicranostigma leptopodium (Maxim.) Fedde

通常为多年生草本，高25~80 cm。全体含淡黄色液汁。基生叶丛生，叶片狭倒披针形，长10~15 cm，宽2~4 cm，羽状深裂，裂片4~6对，再次羽状深裂或浅裂，小裂片先端渐尖，顶端小裂片3浅裂；茎生叶少数，羽状深裂、浅裂或二回羽状深裂；无柄。花1~5朵，于茎和分枝先端排列成聚伞花序；萼片卵形，先端渐尖成距；花瓣倒卵形至圆形，黄色；雄蕊多数，花丝丝状，花药长圆形，黄色；子房狭圆柱形，花柱短，柱头2裂，直立。蒴果线形，长4~7.5 cm，粗约2 mm，绿色，无毛，2瓣自顶端开裂至近基部。种子卵珠形，红棕色，具网纹。花期3—5月，果期6—7月。

生长于海拔3100~3600 m的沟谷林缘、山坡灌丛。在我国分布于青海、甘肃、陕西、西藏、云南、四川、山西、河北、河南。

生态地位：伴生种。

经济价值：花色美丽，可供观赏。

| 属 | 秃疮花属 | Dicranostigma Hook. f. et Thoms. |
| 科 | 罂粟科 | Papaveraceae |

冰川茶藨子

Ribes glaciale Wall.

属	茶藨子属	Ribes Linn.
科	虎耳草科	Saxifragaceae

落叶灌木，高1~2 m。枝灰色无毛，幼枝紫红色，被柔毛和极少腺毛。叶片近卵形，长2.6~4.4 cm，宽2~4 cm，3~5裂，边缘有锯齿，基部圆形至宽楔形，两面疏生腺毛，背面还混生极少柔毛；叶柄长0.9~1.5 cm，被柔毛和腺毛。雌花序：纵状，长3.3~4 cm，通常具7花；花梗长2~5 mm，与花序轴均疏生柔毛和腺毛；托杯长约1 mm，无毛；萼片卵形，长约1.5 mm，宽约1 mm，无毛，具5脉；花瓣近扇形，长约0.5 mm，先端钝，单脉，无毛；花柱长约1.8 mm，先端稍2裂；萼片紫红色，背面疏生柔毛；花瓣紫红色，无毛。幼果黄绿色，成熟后变红色，球形，直径约6 mm，无毛。花果期5—9月。

生长于海拔2150~4010 m的山坡林下、林缘、高山灌丛、沟谷岩隙、江岸坡地。在我国分布于青海、甘肃、陕西、西藏、云南、四川、山西、湖北。尼泊尔、印度、不丹等地也有分布。

生态地位：伴生种。

经济价值：果可食。

长刺茶藨子

Ribes alpestre Wall. ex Decne.

属　茶藨子属　Ribes Linn.

科　虎耳草科　Saxifragaceae

落叶灌木，高1~3 m。老枝灰黑色，无毛，小枝灰黑色至灰棕色，幼时被细柔毛，在叶下部的节上着生3枚粗壮刺；芽卵圆形，具数枚干膜质鳞片。叶宽卵圆形，长1.5~3 cm，宽2~4 cm，不育枝上的叶更宽大，沿叶脉毛较密，老时近无毛，3~5裂，裂片先端钝，边缘具缺刻状粗钝锯齿或重锯齿；叶柄长2~3.5 cm。花两性，2~3朵组成短总状花序或花单生于叶腋；花梗长5~8 mm，无毛或具疏腺毛；苞片宽卵圆形或卵状三角形，长2~3 mm；花萼绿褐色或红褐色，外面具柔毛；萼筒钟形，长5~6 mm，宽几与长相等，萼片长圆形或舌形，长5~7 mm，宽2~3 mm，先端圆钝，花期向外反折，果期常直立；花瓣椭圆形或长圆形，稀倒卵圆形，长2.5~3.5 mm，宽1.5~2 mm，先端钝或急尖，色较浅，带白色；花托内部无毛；雄蕊长4~5 mm，伸出花瓣之上，花丝白色，花药卵圆形，先端常具1个杯状蜜腺；子房无柔毛，具腺毛；花柱棒状，长于雄蕊，无毛，约分裂至中部。果实近球形或椭圆形，紫红色，无柔毛，具腺毛，味酸。花期4—6月，果期6—9月。

生长于海拔2800~3900 m的阳坡疏林下灌丛中、沟谷林缘、河谷草地或河岸边、山地阴坡高寒灌丛。在我国分布于青海、山西、陕西、甘肃、青海、四川、云南、西藏。尼泊尔、不丹、印度、阿富汗也有分布。

生态地位：伴生种。

经济价值：果可食。

狭果茶藨子
Ribes stenocarpum Maxim.

属	茶藨子属	Ribes Linn.
科	虎耳草科	Saxifragaceae

灌木，高1.5~2 m。老枝灰色，无毛，当年生枝条黄绿色至黄褐色，被柔毛，节上具3枚粗壮皮刺。叶片心形，长2.1~2.5 cm，宽1.8~2.6 cm，3深裂（裂片具齿），两面和边缘均具柔毛；叶柄被柔毛，并杂有羽状长腺毛。花梗无毛；托杯长约3 cm，无毛；萼片部分反曲，近舌形，长约6 mm，宽约2 mm，先端微凹。具多脉，脉于先端不汇合，无毛；花瓣白色，长椭圆形，长3.8~4.5 mm，先端急尖，多脉，无毛；雄蕊长约4 mm，花丝钻形；花柱长约7 mm，稍短于雄蕊，先端2裂，裂片长约3 mm。幼果长椭圆形至狭卵球形，长6.8~25 mm，宽4~6 mm，光滑无毛，绿色。花果期5—9月。

生长于海拔2300~3280 m的山坡石隙、阴坡林下、河谷林缘。在我国分布于青海、甘肃。

生态地位：伴生种。

经济价值：果可食。

| 属 | 蔷薇属 | Rosa Linn. |
| 科 | 蔷薇科 | Rosaceae |

　　直立灌木，高3~4 m。小枝细弱，无刺或有扁而基部膨大皮刺，幼嫩时常密被针刺或无针刺。小叶9~13（~17），连叶柄长3~6 cm；小叶片长圆形或椭圆状长圆形，长8~30 mm，宽4~10 mm，先端急尖或圆钝，基部圆钝或宽楔形，边缘有锐锯齿，上面无毛，中脉下陷，下面无毛或在中脉有疏柔毛，中脉突起；叶轴和叶柄有散生小皮刺；托叶大部贴生于叶柄，顶端离生部分呈三角状卵形，边缘有齿或全缘，有时有腺。花单生于叶腋，无苞片；花梗长6~20 mm，无毛；花直径2.5~3.5 cm；萼片4，披针形，全缘，先端渐尖或长尾尖，外面近无毛，内面有稀疏柔毛；花瓣4，白色，倒三角状卵形，先端微凹，基部宽楔形；花柱离生，被长柔毛，比雄蕊短很多。果倒卵球形或梨形，直径8~15 mm，亮红色，果成熟时果梗肥大，萼片直立宿存。花期5~6月，果期7~9月。

　　生长于海拔2300~3900 m的阴坡林内、沟谷林缘、山坡灌丛、河谷山坡、河岸溪边。在我国分布于青海、甘肃、宁夏、陕西、西藏、云南、四川、山西、河南、湖北。

　　生态地位：优势种、伴生种。

　　经济价值：根皮含鞣质，可提制栲胶；花可提取芳香油，可制浸膏；果可食，也可酿酒或用作食材，亦可入药。

金露梅

Potentilla fruticosa Linn.

> 属　委陵菜属　Potentilla Linn.
>
> 科　蔷薇科　Rosaceae

灌木，高 0.5~2 m。多分枝，树皮纵向剥落，小枝红褐色，幼时被长柔毛。羽状复叶，有小叶 2 对，稀 3 小叶，上面一对小叶基部下延与叶轴汇合；叶柄被绢毛或疏柔毛；小叶片长圆形、倒卵长圆形或卵状披针形，长 0.7~2 cm，宽 0.4~1 cm，全缘，边缘平坦，顶端急尖或圆钝，基部楔形，两面绿色，疏被绢毛或柔毛或脱落近于无毛；托叶薄膜质，宽大，外面被长柔毛或脱落。单花或数朵生于枝顶，花梗密被长柔毛或绢毛；花直径 2.2~3 cm；萼片卵圆形，顶端急尖至短渐尖，副萼片披针形至倒卵状披针形，顶端渐尖至急尖，与萼片近等长，外面疏被绢毛；花瓣黄色，宽倒卵形，顶端圆钝，比萼片长；花柱近基生，棒形，基部稍细，顶部缢缩，柱头扩大。瘦果近卵形，褐棕色，长 1.5 mm。外被长柔毛。花果期 6—9 月。

生长于海拔 2500~4400 m 的山崖石隙、沟谷林缘、高寒草甸、河滩草甸、山坡灌丛、路旁河岸、河谷阶地。在我国分布于青海、新疆、甘肃、陕西、西藏、云南、四川、山西、河北、内蒙古、辽宁、吉林。北温带广布。

生态地位：特征种、建群种、优势种、伴生种。

经济价值：花和叶均可入药。中等饲用植物。本种还可引入园林建设。

龙牙草

Agrimonia pilosa Ledeb.

属	龙牙草属 Agrimonia Linn.
科	蔷薇科 Rosaceae

多年生草本。根多呈块茎状，根茎短。茎单一或丛生，高30~100 cm，被疏柔毛及短柔毛，稀下部被长硬毛。叶为间断奇数羽状复叶，具小叶3~4对，叶柄被稀疏柔毛及短柔毛；小叶片无柄或有短柄，倒卵状椭圆形或倒卵形，长1~5 cm，先端锐尖，基部楔形，边缘具急尖及钝圆锯齿，两面疏生长柔毛，有腺点；托叶草质，绿色，镰形，边缘有尖锐锯齿，茎下部托叶卵状披针形，全缘。花序穗状总状顶生，分枝或不分枝，花序轴被柔毛；花梗长1~3 mm，被柔毛；苞片通常3深裂，小苞片卵形，全缘或边缘分裂；萼片5，三角状卵形；花瓣黄色，长圆形；雄蕊常8；花柱2，丝状，柱头头状。瘦果倒卵状圆锥形，长5~7 mm。最宽处直径3~4 mm，外面具10条肋，被疏柔毛，顶端有数层钩刺，钩刺幼时直立，老时向内拢合。花果期6—9月。

生长于海拔1850~3500 m的阳坡林下、林缘草地、河岸灌丛、山坡草地、田埂路边、宅旁荒地、河滩草地。分布于青海、西藏等我国大多数省区。蒙古国、朝鲜、日本、越南也有分布。

生态地位：伴生种。

经济价值：全株含鞣质，可提制栲胶，或制作农药。

匍匐枸子

Cotoneaster adpressus Bois

属	枸子属 Cotoneaster B. Ehrhart
科	蔷薇科 Rosaceae

落叶匍匐灌木，茎不规则分枝，平铺地上；小枝细瘦，圆柱形，幼嫩时具糙伏毛，逐渐脱落，红褐色至暗灰色。叶片宽卵形或倒卵形，稀椭圆形，长5~15 mm，宽4~10 mm，先端圆钝或稍急尖，基部楔形，边缘全缘而呈波状，上面无毛，下面具稀疏短柔毛或无毛；叶柄长1~2 mm，无毛；托叶钻形，成长时脱落。花1~2朵，几无梗，直径7~8 mm；萼筒钟状，外具稀疏短柔毛，内面无毛；萼片卵状三角形，先端急尖，外面有稀疏短柔毛，内面常无毛；花瓣直立，倒卵形，长约4.5 mm，宽与长几相等，先端微凹或圆钝，粉红色；雄蕊10~15，短于花瓣；花柱2，离生，比雄蕊短；子房顶部有短柔毛。果实近球形，直径6~7 mm，鲜红色，无毛，通常有2小核，稀3小核。花期5—7月，果期8—9月。

生长于海拔2200~4100 m的多石山坡、山顶裸地、岩石缝隙、阳坡灌丛、林间草地、陡崖石壁。在我国分布于青海、甘肃、陕西、西藏、云南、四川、贵州、湖北。缅甸、尼泊尔、印度也有分布。

生态地位：伴生种。

经济价值：该种是制作盆景的绝好材料。

西北沼委陵菜

Comarum salesovianum (Steph.) Asch. et Gr.

属	沼委陵菜属　Comarum Linn.
科	蔷薇科　Rosaceae

　　亚灌木，高30~100 cm。茎直立，有分枝，红褐色。奇数羽状复叶，连叶柄长4.5~9.5 cm，叶柄长1~1.5 cm，小叶片7~11，纸质，互生或近对生，长圆状披针形或卵状披针形，稀倒卵状披针形，长1.5~3.5 cm，宽4~12 mm，越向下越小，先端急尖，基部楔形，边缘有尖锐锯齿，上面绿色，下面有粉质蜡层及贴生柔毛，中脉在下面微隆起；叶轴带红褐色，有长柔毛；小叶柄极短或无；托叶膜质，先端长尾尖，大部分与叶柄合生，有粉质蜡层及柔毛，上部叶具3小叶或成单叶。聚伞花序顶生或腋生，有数朵疏生花；总梗及花梗有粉质蜡层及密生长柔毛，花梗长1.5~3 cm；苞片及小苞片线状披针形，长6~20 mm，红褐色，先端渐尖；花直径2.5~3 cm；萼筒倒圆锥形，肥厚，外面被短柔毛及粉质蜡层，萼片三角状卵形，长约1.5 cm，带红紫色，先端渐尖；花瓣倒卵形，长1~1.5 cm。花期6—8月，果期8—10月。

　　生长于海拔1900~4160 m的河滩灌丛、河谷沙地、山坡草地、山麓碎石堆。在我国分布于青海、新疆、宁夏、甘肃、西藏、内蒙古。俄罗斯、蒙古国也有分布。

　　生态地位：建群种、优势种、伴生种。

　　经济价值：可供观赏和引入园林建设。

银露梅

Potentilla glabra Lodd.

属 委陵菜属	**Potentilla** Linn.
科 蔷薇科	Rosaceae

灌木，高0.3~2 m，稀达3 m，树皮纵向剥落。小枝灰褐色或紫褐色，被稀疏柔毛。叶为羽状复叶，有小叶2对，稀3小叶，上面一对小叶基部下延与轴汇合，叶柄被疏柔毛；小叶片椭圆形、倒卵状椭圆形或卵状椭圆形，长0.5~1.2 cm，宽0.4~0.8 cm，顶端圆钝或急尖，基部楔形或近圆形，边缘平坦或微向下反卷，全缘，两面绿色，被疏柔毛或几无毛；托叶薄膜质，外被疏柔毛或脱落几无毛。顶生单花或数朵，花梗细长，被疏柔毛；花直径1.5~2.5 cm；萼片卵形，急尖或短渐尖，副萼片披针形、倒卵状披针形或卵形，比萼片短或近等长，外面被疏柔毛；花瓣白色，倒卵形，顶端圆钝；花柱近基生，棒状，基部较细，在柱头下缢缩，柱头扩大。瘦果表面被毛。花果期6—11月。

生长于海拔2470~4600 m的山坡云杉林缘、河漫滩、河谷阶地、林缘灌丛、河岸石隙。在我国分布于青海、甘肃、陕西、西藏、云南、四川、山西、河北、内蒙古、湖北、安徽。朝鲜、俄罗斯、蒙古国也有分布。

生态地位：建群种、优势种、伴生种。

经济价值：可供观赏和引入园林建设。

窄叶鲜卑花

Sibiraea angustata (Rehd.) Hand.-Mazz.

属　鲜卑花属　Sibiraea Maxim.

科　蔷薇科　Rosaceae

灌木，高达2~2.5 m。小枝圆柱形，微有棱角，幼时微被短柔毛，暗紫色，老时光滑无毛，黑紫色；冬芽卵形至三角卵形，先端急尖或圆钝，微被短柔毛，有2~4片外露鳞片。叶在当年生枝条上互生，在老枝上通常丛生，叶片窄披针形、倒披针形，稀长椭圆形，长2~8 cm，宽1.5~2.5 cm，先端急尖或突尖，稀渐尖，基部下延呈楔形，全缘，上下两面均不具毛，仅在幼时边缘具柔毛，老时近于无毛，下面中脉明显，侧脉斜出；叶柄很短，不具托叶。顶生穗状圆锥花序，长5~8 cm，直径4~6 cm；花梗长3~5 mm，总花梗和花梗均密被短柔毛；苞片披针形，先端渐尖，全缘，内外两面均被柔毛；花直径约8 mm；萼筒浅钟状，外被柔毛；萼片宽三角形，先端急尖，全缘，内外两面均被稀疏柔毛；花瓣宽倒卵形，先端圆钝，基部下延呈楔形，白色；雄花具雄蕊20~25，着生在萼筒边缘，花丝细长，药囊黄色，约与花瓣等长或稍长，雌花具退化雄蕊，花丝极短；花盘环状，肥厚，具10裂片。花期6月，果期8—9月。

生长于海拔2500~4300 m的高山山坡、河谷灌丛、阴坡林缘、山顶疏林、河漫滩。在我国分布于青海、甘肃、西藏、云南、四川。

生态地位：建群种、优势种、伴生种。

经济价值：可供观赏和引入园林建设。

不丹黄耆

Astragalus bhotanensis Baker

属 黄耆属 **Astragalus** Linn.	
科 豆科 **Leguminosae**	

多年生草本。茎直立，匍匐或斜上，长30~100 cm，疏被白色毛或无毛。羽状复叶有19~29小叶，长8~26 cm。叶轴疏被白色毛；叶柄短；托叶卵状披针形，离生，基部与叶柄贴生，长4~5 mm。小叶对生，倒卵形或倒卵状椭圆形，长6~23 mm，宽4~11 mm，先端钝，有小尖头，基部楔形，上面无毛，下面被白色伏贴毛。总状花序头状，生多数花；花梗粗壮，长不及叶的1/2，疏被白毛；苞片宽披针形。小苞片较苞片短，被白色短柔毛。花萼管状，长约10 mm，萼齿与萼筒等长，疏被白色长柔毛；花冠红紫色、紫色、灰蓝色、白色或淡黄色，旗瓣倒披针形，长约11 mm，宽约3.5 mm，先端微凹，有时钝圆，瓣柄不明显，翼瓣长约9 mm，瓣片狭椭圆形，较瓣柄长，龙骨瓣长8~9 mm，瓣片宽2~2.5 mm，瓣柄较瓣片短；子房无柄。荚果圆筒形，长20~25 mm，宽5~7 mm，无毛，直立，背腹两面稍扁，黑色或褐色，无果茎，假2室。种子多数，棕褐色。花期3—8月，果期8—10月。

生长于海拔1650~2800 m的山坡草地、沟谷林缘灌丛。在我国分布于青海、甘肃、陕西、四川、云南、西藏、贵州。不丹、印度、韩国也有分布。

生态地位：伴生种。

经济价值：全草可作药用。

甘蒙锦鸡儿

Caragana opulens Kom.

属	锦鸡儿属 Caragana Fabr.
科	豆科 Leguminosae

直立灌木，高1~2 m，多细长分枝，老枝灰褐色或棕褐色，有光泽。小枝褐色或带灰白色，有条棱。托叶在长枝者硬化成针刺，宿存。叶轴长3~6 mm，有毛，在长枝者硬化成针刺；小叶4，假掌状排列，倒卵状披针形，有刺尖，长3~12 mm，宽1~5 mm，灰绿色或暗绿色，两面或有时仅背面被疏毛。花单生；花梗长6~22 mm，宽4~6 mm，无毛，萼齿三角形，先端具刺尖，有缘毛，长约1 mm；花冠黄色，有时带紫色；旗瓣近圆形，长20~23 mm，先端微凹，基部有爪；翼瓣矩圆形，先端钝，爪稍短于瓣片，具尖耳；龙骨瓣先端钝；爪等长于瓣片，耳齿状；子房线形，疏被柔毛。荚果圆筒形，无毛，长2.5~4 cm，紫褐色或有时黑色。花期5—7月，果期6—8月。

生长于海拔1800~3600 m的草原砾石山坡、河岸灌丛、干旱山坡及林缘陡坡、山麓田埂。在我国分布于青海、陕西、甘肃、四川、西藏、内蒙古、山西。

生态地位：伴生种。

经济价值：可供观赏和造林。

膜荚黄耆
Astragalus membranaceus (Fisch.) Bunge

多年生草本，高0.4~1 m。主根粗长，木质，圆柱形，直径1~3 cm，外皮淡棕黄色至深棕色，有侧根。茎直立，半边常呈紫色，疏被白色长柔毛。托叶离生，卵形，披针形至线状披针形，长5~10 mm，有缘毛；奇数羽状复叶，长5~10 cm；小叶13~23，椭圆形、矩圆形或卵状披针形，长5~20 mm，宽3~9 mm，先端圆形或微凹，基部圆形，两面被白色伏贴柔毛。总状花序腋生，长于叶，具多花；苞片长2~4 mm，被毛；花梗被黑色毛；花萼斜钟状，长4~5 mm，被白色或黑色柔毛，萼齿短，不等长；花冠黄色或淡黄色；旗瓣矩圆状倒卵形，长约13 mm，先端微凹，柄短；翼瓣和龙骨瓣均长约12 mm，均具长柄和短耳；子房有柄，被微毛，花柱无毛。荚果半椭圆形，膜质，膨胀，长20~35 mm，宽8~12 mm，顶端具喙，被黑色或白色短伏毛，含种子3~8枚；种子棕褐色，肾形。花期6—8月，果期7~9月。

生长于海拔3400~3600 m的山坡及沟谷的林间草地、山地林缘灌丛、河滩草甸。在我国分布于青海、甘肃、新疆、西藏、四川、山西、河北、内蒙古、辽宁、吉林、黑龙江。朝鲜、蒙古国、俄罗斯、哈萨克斯坦也有分布。

生态地位：伴生种。

经济价值：花入药。

属	黄耆属	Astragalus Linn.
科	豆科	Leguminosae

线苞黄耆

Astragalus peterae Tsai et Yu

属	黄耆属 Astragalus Linn.
科	豆科 Leguminosae

多年生草本，高15~55 cm。茎直立或斜升，基部多分枝。奇数羽状复叶；托叶离生，卵形、三角形或披针形，长5~8 mm，疏被黑色短毛；小叶9~19，椭圆形、卵状椭圆形或线形，长5~22 mm，宽3~7 mm，先端圆、尖或微凹，腹面无毛，背面被伏贴白色短柔毛，柄短。总状花序腋生，长10~24 cm；总花梗疏被黑色毛；苞片线形，长5~8 mm，被黑色毛；花梗长1~2 mm，与花序轴同密被黑色短柔毛；花萼钟状，长6~8 mm，密被黑色和白色短柔毛，萼齿线状披针形；花冠紫红色或蓝紫色；旗瓣长约13 mm，宽约9 mm，瓣片宽卵形，先端深凹，基部短爪较宽；翼瓣长约11 mm，爪长约6 mm；龙骨瓣长约8 mm，具长爪与短耳；子房有毛。荚果矩圆形，长8~10 mm，顶端具喙，密被黑色短柔毛，含种子2~4枚；种子淡黄色，肾形，长约2.5 mm，光滑，表面有紫色斑点。花期5—8月，果期7—9月。

生长于海拔2000~4500 m的山沟林缘、河滩疏林下、阴坡灌丛、高寒草甸、河岸草丛。在我国分布于青海、甘肃、新疆、宁夏、西藏、四川。蒙古国、吉尔吉斯斯坦、塔吉克斯坦、阿富汗也有分布。

生态地位：伴生种。

斜茎黄耆

Astragalus adsurgens Pall.

属	黄耆属	Astragalus Linn.
科	豆科	Leguminosae

多年生草本，高20~60 cm。根粗壮，较长，暗褐色。茎多分枝，斜升或直立，被白色"丁"字毛和黑色毛。奇数羽状复叶，长5~12 cm；托叶三角形，离生，长3~6 mm；小叶7~29，椭圆形、卵状椭圆形或矩圆形，长4~26 mm，宽2~10 mm，先端钝圆，有时微凹，全缘，两面或有时仅背面疏被白色"丁"字毛；小叶柄短。总状花序腋生，圆筒状，密生多花；总花梗长于叶或近等长，疏被毛；苞片小，三角状披针形，宿存；花梗极短；花萼筒状钟形，长5~7 mm，被黑色或混生白色"丁"字毛，萼齿5，几相等，线形，短于萼筒；花冠蓝紫色或紫红色；旗瓣倒卵状匙形，长12~18 mm，宽5~8 mm，先端圆形微凹，基部渐狭；翼瓣稍短，具细长爪；龙骨瓣短于翼瓣；子房被毛，具柄，花柱无毛。荚果直立，2室，三棱柱形，长8~16 mm，顶端具喙，疏被白色和黑色"丁"字毛。花期6—8月，果期8—9月。

生长于海拔1900~4300 m的山坡林缘、沟谷灌丛、轻度盐碱沙地、高寒灌丛草甸、河滩草甸、河岸疏林下。在我国分布于西北、西南、华北、东北地区。朝鲜、日本、蒙古国、俄罗斯也有分布。

生态地位：伴生种。

经济价值：种子入药。可引种栽培为优良牧草。

青海锦鸡儿

Caragana chinghaiensis Liou f.

属　锦鸡儿属　Caragana Fabr.

科　豆科　Leguminosae

灌木，高0.5~1 m。多针刺。小枝粗壮，黄褐色，无毛，条棱明显；老枝绿褐色或深褐色，有光泽，皮剥落。托叶披针形，长2~3 mm，先端硬化成针刺状尖头，脱落或宿存；叶轴长5~7 mm，开展或反折，硬化成刺，宿存；4小叶假掌状着生，狭倒披针形，长6~10 mm，宽2~3 mm，无毛，先端锐尖或短渐尖，具刺尖，基部楔形。花单生；花梗长4~5 mm，基部具关节，有微柔毛；苞片膜质，三角形，极小，长约0.5 mm；旗瓣宽倒卵形，短于翼瓣和龙骨瓣，有红晕，先端凹入，爪很短；翼瓣矩圆形，爪短于瓣片之半，耳条形，与爪近等长；龙骨瓣的爪稍长于瓣片之半，耳不明显；子房无毛。荚果圆筒形，长3~4 cm，宽3~4 mm。花期5—7月，果期7—9月。

生长于海拔2600~3800 m的阴坡灌丛、针叶林缘、河岸台地。在我国分布于青海。

生态地位：伴生种。

经济价值：可供观赏，亦可栽植为绿篱。

栓翅卫矛
Euonymus phellomanus Loes.

灌木或小乔木，高可达6 m。枝硬直，四棱，棱上常有长条状木栓质厚翅。叶片长圆形或椭圆状倒披针形，长4~8 cm，宽2~4.5 cm，先端锐尖或渐尖，基部楔形，边缘具细锯齿；叶柄长8~15 mm。聚伞花序1~2次分枝，有3至多花；总花梗长约1 cm；花白绿色，直径约8 mm；萼片4，近圆形；花瓣4，狭倒卵形；雄蕊较花瓣稍短，着生在花盘上；花盘褐色，4浅裂；子房4室，花柱长约1.5 mm。蒴果近倒心形，粉红色，具4棱，顶端微凹，直径约1 cm；种子椭圆形，褐色，被橘红色假种皮。花果期6—9月。

生长于海拔2400~3500 m的山坡林缘、河谷灌丛、河岸岩隙。在我国分布于青海、甘肃、宁夏、陕西、四川、河南、湖北。

生态地位：伴生种。

经济价值：可供观赏，可引种美化环境。

属　卫矛属　Euonymus Linn.

科　卫矛科　Celastraceae

紫花卫矛
Euonymus porphyreus Loes.

属	卫矛属	Euonymus Linn.
科	卫矛科	Celastraceae

灌木，高1~5 m。叶纸质，卵形，长卵形或阔椭圆形，长3~7 cm，宽1.5~3.5 cm，先端渐尖至长渐尖，基部阔楔形或近圆形，边缘具细密小锯齿，齿尖常稍内曲；叶柄长3~7 mm。聚伞花序具细长花序梗，梗端有3~5分枝，每枝有3出小聚伞；花4数，深紫色，直径6~8 mm，花瓣长椭圆形或窄卵形，花盘扁方，微4裂，子房扁，花柱极短，柱头小。蒴果近球状，直径2~3.5 cm，4翅窄长，长5~10 mm，先端常稍窄并稍向上内曲。花期5—6月，果期7—9月。

生长于海拔2200~3700 m的山坡林下、林缘灌丛、山沟石隙。在我国分布于青海、甘肃、宁夏、陕西、西藏、云南、四川、贵州、湖北。

生态地位：伴生种。

经济价值：可供观赏，可引种美化环境。

突脉金丝桃

Hypericum przewalskii Maxim.

属 金丝桃属 Hypericum Linn.

科 藤黄科 Guttiferae

多年生草本，高30~60 cm，无毛。茎直立，圆柱形，常带紫色，上部多分枝，一般节间疏离。叶对生，一般下部叶较小，中上部叶大，卵状长圆形，长3~6 cm，宽2~2.5 cm，表面绿色，背面淡绿色，先端钝至圆形，全缘，基部心形，抱茎，背部脉明显，两面具小的斑点。聚伞花序顶生，无苞片，花梗不等长，上部花梗短，下部花梗长，无毛；花黄色，直径1.5~2 cm；萼片长圆形，卵状长圆形或狭椭圆形，长1~1.3 cm，先端钝或圆形，具多数细脉；花瓣条形，长约1.5 cm，宽约3 mm，先端钝，含多数细脉，一侧脉多，一侧脉少，故成熟干燥后旋转几成宽线形；雄蕊多数，花丝细长，花药小，近长圆形，花柱5，下部合生，长5~6 mm，先端开展。蒴果圆锥形，长约1.5 cm，棕栗色，顶端有宿存花柱。种子多数，长圆形，黑棕色，长约1 mm，两端尖。花期6—7月，果期8—9月。

生长于海拔2300~4000 m的沟谷灌丛、山坡林缘、林下草地。在我国分布于青海、甘肃、陕西、四川、河南、湖北。

生态地位：伴生种。

经济价值：全草入药，可栽培供观赏。

沙棘

Hippophae rhamnoides Linn. subsp. **sinensis** Rousi.

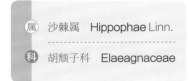

属 沙棘属	Hippophae Linn.
科 胡颓子科	Elaeagnaceae

落叶灌木、小乔木或乔木，高1.5~6 m。枝条坚挺，枝刺较多且粗壮；嫩枝褐绿色，在干燥的河滩砾石地上有时呈灰褐色，老枝灰黑色或深褐色。叶通常对生或近对生，亦同时兼有互生或三叶轮生的，叶片披针形至狭披针形，长30~80 mm，宽4~10（12）mm，叶上面中脉凹陷较浅而窄，下面密被银白色鳞片状鳞毛，有时杂生有锈色鳞片状鳞毛或毛部发达的鳞片状鳞毛；叶柄长1.5~3 mm。花芽大，雄花芽呈四棱状塔形，雌花芽"十"字形。果实近球形，长3~10 mm，黄色、橘红色或深橘红色；果柄长1~1.5 mm。种子椭圆形至倒长卵形，有时稍扁，长2~4.5 mm，深褐色、褐红色、紫黑色或黑色，具光泽。花期4—5月，果熟期9—10月。

生长于海拔1800~4500 m的高原沟谷、林缘、灌丛、山坡疏林、河滩、河谷阶地、山前洪积扇、山麓沙砾滩。在我国分布于青海、甘肃、新疆、宁夏、陕西、西藏、云南、四川、山西、河北、内蒙古、黑龙江、辽宁和吉林有大面积引种栽培，黄土高原区普遍栽培。

生态地位：特征种、建群种、优势种、伴生种。

经济价值：果入药。果味酸甜可食，可制饮料、果酱，酿酒。种子可榨油，树皮可提制栲胶。为防风固沙及水土保持的良好树种。

西藏沙棘
Hippophae tibetana Schltall.

矮小灌木，高8~100 cm。枝条上指，整体呈扫帚状。叶3枚轮生，稀对生，叶片条形，长10~25 mm，宽2~3.5 mm，下面密被银白色鳞片状鳞毛，或杂生少数锈色鳞片状鳞毛。雌雄花芽呈卵形或卵形二裂。果实圆球形或长圆球形，橘红色或暗橘红色，纵径8~13 mm，横径6~10 mm，顶端有数条棕黑色星芒状纹饰；果柄长约1 mm。果皮与种皮结合，表面无光泽，长卵形，稍扁压。果熟期8—9月。

生长于海拔2200~4600 m的山坡石隙、沙砾质河漫滩灌丛、高寒草原、沙砾滩地、山麓石堆、河谷阶地、山前冲积扇。在我国分布于青海、甘肃、西藏、四川。尼泊尔、不丹、印度也有分布。

生态地位：特征种、建群种、优势种、伴生种。

经济价值：果入药。果味酸甜可食，可制饮料、果酱，酿酒。种子含油达18%，可榨油，树皮可提制栲胶。可防风固沙及保持水土。

属	沙棘属	Hippophae Linn.
科	胡颓子科	Elaeagnaceae

柳兰

Chamaenerion angustifolium (Linn.) Scop.

（属）	柳兰属　Chamaenerion Seguier
（科）	柳叶菜科　Onagraceae

多年生草本；高20~120 cm。茎直立，稀分枝，被短柔毛或无毛，自基部生出强壮的越冬根出条；叶互生，基部具短柄，长椭圆状线形至披针状线形，长6~16 cm，宽6~25 mm，先端锐尖，基部钝圆，边缘具稀疏波状齿或全缘，被短柔毛或近无毛；总状花序直立，长10~40 cm；苞片线形，被短柔毛；花序轴和花梗被短毛；萼片4，紫红色，开展，线形，长1.5~1.9 cm，宽2.5~3.7 mm，先端渐尖，背面被短柔毛；花瓣4，紫红色，倒卵形至倒阔卵形，长1.9~2 cm，宽1.2~1.5 cm，先端微缺，边缘啮蚀状，基部渐狭成长2~3 mm之爪。蒴果圆柱形，长2~3 cm，密被贴生的白灰色柔毛，果梗长0.3~1.3 cm；种子倒卵形，长约1 mm，褐色，先端具长约2 mm的白色簇毛。花期6—8月，果期8—9月。

生长于海拔2150~4000 m的山坡林下、林缘草地、沟谷灌丛、河滩草甸、河岸草丛、田埂地边。在我国分布于青海、甘肃、新疆、宁夏、陕西、西藏、云南、四川、山西、河北、内蒙古、辽宁、吉林、黑龙江。东亚、中亚及欧洲、北美洲也有分布。

生态地位：建群种、优势种、伴生种。

经济价值：全株含鞣质，可提制栲胶。可供观赏和栽植美化环境。

狭叶五加
Acanthopanax wilsonii Harms

属 五加属 Acanthopanax Miq

科 五加科 Araliaceae

灌木，高 0.5~2 m。幼枝灰紫色，节上常生细长下向直刺，有时节间有刚毛状刺。掌状复叶具 5 小叶，或为掌状三出复叶；叶柄长 1.5~12 cm，无毛；小叶纸质，披针形、倒披针形或长圆状倒披针形，长 2.5~7.5 cm，宽 0.5~3 cm，先端尖至短渐尖，基部渐狭，常偏斜，边缘下部全缘，其余有锯齿，腹面中脉及侧脉疏生短小刺，其余无毛，背面无毛或有时脉上疏生短小刺；几无小叶柄。伞形花序单个顶生，直径 2~5 cm，具多花；总花梗长 2.5~7 cm，无毛；花梗长 0.7~1.7 cm，纤细，无毛；常有 1~2 花从总花梗基部抽出；萼筒无毛，全缘或有 5 萼齿；花瓣黄绿色，三角状卵形；雄蕊 5，花丝长 2 mm；子房 5 室，稀 3~4 室，花柱 5，仅基部合生。果球形，具 5 棱，直径 5~10 mm，宿存花柱长 1.5 mm。花期 6—7 月，果期 8—9 月。

生长于海拔 3300~3900 m 的沟谷林下、林缘灌丛。在我国分布于西藏、云南、四川。

生态地位：伴生种。

河西阿魏

Ferula hexiensis K. M. Shen

属	阿魏属	Ferula Linn.
科	伞形科	Umbelliferae

多年生草本，高50~60 cm，全株被短毛。根圆柱形，直径约2 cm。茎单一，粗壮，分枝。二至三回羽状复叶；总叶柄基部具鞘；小叶近卵形，长1.2~3 cm，宽1~2.3 cm，一至二回羽状全裂，末回裂片长4~6 mm，具角状齿；茎生叶向上渐变小。复伞形花序生于枝顶；总苞片4~5，狭卵形至线形，长3 mm，宽0.6~1 mm，先端渐尖至尾状，背面被短毛；伞辐7~18；小总苞片7~8，狭卵形，长2.2~2.5 mm，宽约0.9 mm，背面被短毛；小伞形花序具8~14花；萼齿狭三角形至钻形，长约0.6 mm；花瓣淡黄色，倒卵形，长约2.5 mm，先端渐尖且内折成小舌片，具爪；花柱基圆锥状。果狭倒卵形至倒卵形，长1.3~1.5 cm，中棱、背棱线形，侧棱翅状，每棱槽油管（1~）2，合生面（3~）4。花果期6—8月。

生长于海拔2300 m左右的河谷草地。在我国分布于青海、甘肃。

生态地位：伴生种。

宽叶羌活

Notopterygium forbesii H. Boiss.

多年生草本，高80~180 cm。有发达的根茎，基部多残留叶鞘。茎直立，少分枝，圆柱形，中空，有纵直细条纹，带紫色。基生叶及茎下部叶有柄，柄长1~22 cm，下部有抱茎的叶鞘；叶大，三出式二至三回羽状复叶，一回羽片2~3对，有短柄或近无柄，末回裂片无柄或有短柄，长圆状卵形至卵状披针形，长3~8 cm，宽1~3 cm，顶端钝或渐尖，基部略呈楔形，边缘有粗锯齿，脉上及叶缘有微毛，茎上部叶少数，叶片简化，仅有3小叶，叶鞘发达，膜质。复伞形花序顶生和腋生，直径5~14 cm，花序梗长5~25 cm；总苞片1~3，线状披针形，长约5 mm，早落；伞辐10~17（23），长3~12 cm；小伞形花序直径1~3 cm，有多数花，小总苞片4~5，线形，长3~4 mm；花柄长0.5~1 cm；萼齿卵状三角形；花瓣淡黄色，倒卵形，长1~1.5 mm，顶端渐尖或钝，内折。花期7月，果期8—9月。

生长于海拔2300~4500 m的高山灌丛草甸、河滩草甸、高山灌丛、沟谷林下、林缘草地。在我国分布于青海、甘肃、陕西、四川、山西、内蒙古、湖北。

生态地位：伴生种。

经济价值：根及根状茎入药。

属	羌活属	Notopterygium H. Boiss.
科	伞形科	Umbelliferae

羌活

Notopterygium incisum Ting ex H. T. Ching

属	羌活属	Notopterygium H. Boiss.
科	伞形科	Umbelliferae

多年生草本，高60~120 cm，根茎粗壮，伸长呈竹节状。根茎部有枯萎叶鞘。茎直立，圆柱形，中空，有纵直细条纹，带紫色。基生叶及茎下部叶有柄，柄长1~22 cm，下部有长2~7 cm的膜质叶鞘；叶为三出式三回羽状复叶，末回裂片长圆状卵形至披针形，长2~5 cm，宽0.5~2 cm，边缘缺刻状浅裂至羽状深裂；茎上部叶常简化，无柄，叶鞘膜质，长而抱茎。复伞形花序直径3~13 cm，侧生者常不育，总苞片3~6，线形，长4~7 mm，早落，伞辐7~18（39），长2~10 cm；小伞形花序直径1~2 cm；小总苞片6~10，线形，长3~5 mm；花多数，花柄长0.5~1 cm；萼齿卵状三角形，长约0.5 mm；花瓣白色，卵形至长圆状卵形，长1~2.5 mm，顶端钝，内折；雄蕊的花丝内弯，花药黄色，椭圆形，长约1 mm；花柱2，很短，花柱基平压稍隆起。分生果长圆状，长约5 mm，宽约3 mm，背腹稍压扁，主棱扩展成宽约1 mm的翅，但发展不均匀；油管明显，每棱槽3，合生面6；胚乳腹面内凹成沟槽。花期7月，果期8—9月。

生长于海拔2700~4200 m的高寒草甸、高山灌丛、河谷草甸、沟谷疏林下、林缘草丛。在我国分布于青海、甘肃、新疆、陕西、西藏、四川。

生态地位：优势种、伴生种。

经济价值：根状茎入药。

鹿蹄草

Pyrola calliantha H. Andr.

属	鹿蹄草属	**Pyrola**(Tourn.) Linn.
科	鹿蹄草科	**Pyrolaceae**

多年生常绿草本，高15~26 cm，具长而横生的根状茎。花葶直立，具2~4个鳞片状叶。基生叶3~9片，圆卵形至圆形，偶有宽倒卵形或肾形，长2.3~4.9 cm，宽1.6~4.6 cm，先端圆形或钝，有时急尖，边缘有小齿，不反卷，基部圆形或宽楔形，叶柄与叶片等长或稍长。总状花序具5~10花，果期伸长。苞片卵状披针形，与花梗等长或稍长；花梗长达10 mm；花大，阔钟形，白色或粉红色；花萼裂片狭披针形，长圆形或卵状披针形，长3~4 mm，先端渐尖或急尖；花瓣卵圆形，长5~9 mm，宽3.5~6 mm；雄蕊10，花药长2~3.5 mm；花柱弯曲，长7~10 mm，伸出花瓣外，在柱头下扩展呈盘状。蒴果扁圆形，直径约7 mm。花果期7—8月。

生长于海拔2600~3200 m的阴山坡草地、河沟林下、林缘。在我国广泛分布。欧洲、北美洲及朝鲜、日本也有分布。

生态地位：伴生种。

经济价值：全草入药。

烈香杜鹃

Rhododendron anthopogonoides Maxim.

属	杜鹃花属	Rhododendron Linn.
科	杜鹃花科	Ericaceae

灌木，高60~160 cm。小枝淡黄色，密被鳞片和毛，老枝白色，无毛。叶芽鳞早落。叶卵状椭圆形或宽椭圆形，长15~42 mm，宽9~20 mm，先端圆形或钝，边缘略反卷，基部圆形，上面无或有稀疏的鳞片，深绿色，下面黄褐色，密被中心突起、边缘撕裂的圆形鳞片；叶柄短，长约3 mm，被鳞片。花序头状，多花密集，顶生；花梗短，有鳞片；花萼长3~4.5 mm，裂片长圆形，背部有或无鳞片，边缘有缘毛；花冠淡黄色或绿白色，狭筒形，长10~12 mm，裂片小，半圆形，长至3 mm，冠筒内面喉部有长毛，外面无毛；雄蕊5；子房有鳞片。蒴果有鳞片。花果期6—7月。

生长于海拔3000~4100 m的高山阴坡灌丛。在我国分布于青海、甘肃。

生态地位：伴生种。

经济价值：枝、叶、花含芳香油，可制作高级香料或化妆品，并有药用价值。

青海杜鹃

Rhododendron przewalskii Maxim.

灌木，高1~3 m。幼枝粗，无毛。叶椭圆形或长圆形，长5~10 cm，宽2.5~5 cm，先端钝或急尖，有小尖头，基部浅心状圆形或宽楔形，上面光滑，仅幼叶未展开时疏被白色短茸毛，下面光滑或被一层灰白色至淡红褐色的辐射状毛，毛被薄，常不连续，且脱落；叶柄长1~2 cm，光滑。花序伞房状，具5~15花；花梗长至2 cm，光滑；花萼长约1 mm，无毛，裂片三角形；花冠钟形，白色，或带粉红色，具紫红色斑点，长2~3 cm；雄蕊10，花丝基部有微毛；子房光滑。蒴果圆柱形，长2~2.5 cm，弯曲，黑褐色。花果期6—7月。

生长于海拔2800~3800 m的高山阴坡灌丛、沟谷林缘。在我国分布于青海、甘肃、四川。

生态地位：优势种、伴生种。

经济价值：果入药。

属　杜鹃花属　Rhododendron Linn.

科　杜鹃花科　Ericaceae

头花杜鹃

Rhododendron capitatum Maxim.

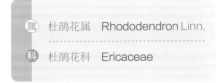

属	杜鹃花属	Rhododendron Linn.
科	杜鹃花科	Ericaceae

小灌木，高 0.3~1.5 m。分枝多，枝条伸直，稠密，褐色至黑色，密被鳞片；叶芽鳞早落。叶芳香，常绿；叶片长圆形或椭圆形，长 0.7~1.8 cm，宽 4~10 mm，顶端圆钝，无小短尖头，基部圆形至楔形，表面灰绿色至暗绿色，密被鳞片，背面被二色鳞片，浅色鳞片淡黄绿色，深色鳞片褐色，两者均匀混生，对比明显；叶柄长 1~3 mm，被鳞片。花序顶生，头状，有花 2~5 朵；花芽鳞在花期存在；花梗长 0.5~1 mm，被鳞片，花萼裂片长 0.5~2 mm，不等大，膜质，外面无鳞片或基部有少数鳞片；花冠紫色或淡紫色，宽漏斗状，长 1~1.6 cm，外面无鳞片，内面喉部密被短柔毛，冠檐展开，裂片长于花冠管。蒴果长圆形，长 4~5 mm，被鳞片。花果期 6—8 月。

生长于海拔 2970~4300 m 的高山阴坡、河谷滩地灌丛中。在我国分布于青海、甘肃、四川。

生态地位：特征种、建群种、优势种、伴生种。

经济价值：叶和幼枝可提取芳香油，也有药用价值。

唐古特报春
Primula tangutica Duthie

多年生草本。全株无粉。根状茎短，具多数须根。叶丛基部无鳞片，叶片椭圆状披针形或倒披针形，连柄长3.5~22 cm，宽1~2.5 cm，先端钝圆或渐尖，基部楔形，边缘具小齿，有时全缘；叶柄具狭翅，短，与叶片近等长。花葶高14.5~60 cm；伞形花序1~3轮，具2~7花；苞片线状披针形，长4~9 mm，微被柔毛，花梗长5~45 mm，疏被柔毛，花萼筒状，长1~1.4 cm，分裂达全长的1/3处，裂片三角形至披针形；花冠红褐色，裂片线状，长达10 mm，宽仅1 mm；长花柱花，冠筒与花萼近等长或稍长，雄蕊着生冠筒基部或中部；花柱长2~7 mm。蒴果筒状，长于宿存花萼。花果期6—8月。

生长于海拔2600~4600 m的阴坡湿地、高寒草甸、林下及河滩草地、沟谷灌丛。在我国分布于青海、甘肃、四川。

生态地位：伴生种。

经济价值：种子入药。

属　报春花属　Primula Linn.

科　报春花科　Primulaceae

毛建草

Dracocephalum rupestre Hance

（属）青兰属 Dracocephalum Linn.

（科）唇形科 Labiatae

多年生草本，高7~35 cm。根茎短，不分枝。茎3至多数，丛生，直立或下部弯曲，不分枝，四棱形，被倒向白色短毛。基生叶多数，叶片三角状卵形或长圆状卵形，长0.8~3.5 cm，宽0.8~2.2 cm，先端钝，边缘具圆齿，基部心形，两面被短柔毛，叶柄长达3.5 cm；茎生叶与基生叶同形，短柄。轮伞花序顶生，密集呈头状，或有时基部一轮疏离；苞片宽倒卵形至狭椭圆形，常带蓝紫色，边缘具长刺齿；花萼筒状，长约1.5 cm，带蓝紫色，外面被短柔毛。花期7—8月。

据《青海志》，本种及其他省的标本花冠无紫色斑点。但在青海，在上述产区中见到了花冠有紫色斑点的标本。这些标本以花萼上唇中齿较窄，先端近圆形，不具刺齿，与岷山毛建草不同；又以花冠虽有紫色斑点，但无白色长柔毛又不同于产于新疆、内蒙古西部的大花毛建草。

生长于海拔2000~3800 m的河谷灌丛草甸、林下林缘。在我国分布于青海、山西、河北、内蒙古、辽宁。

生态地位：伴生种。

经济价值：全草有香气，可代茶饮。全草入药，清热消炎。花大美丽，可引种供观赏。

美花筋骨草

Ajuga ovalifolia Bur. et Franch. var. *calantha* (Diels) C. Y. Wu et. Chen

一年生草本。茎直立，高10~23 cm，有时达30 cm以上，四棱形，具槽，被白色长柔毛，无分枝。叶柄具狭翅，长0.7~2 cm，绿白色，有时呈紫红色或绿紫色；叶片纸质，长圆状椭圆形至阔卵状椭圆形，长4~8 cm，宽2.2~5 cm，基部楔形，先端钝或圆形，边缘中部以上具波状或不整齐的圆齿，具缘毛，上面黄绿或绿色，叶脉偶为紫色。穗状聚伞花序顶生，几呈头状，长2~3 cm，由3~4轮伞花序组成；苞叶大，叶状，卵形或椭圆形，长1.5~4.5 cm，下部呈紫绿色、紫红色至紫蓝色，具圆齿或全缘，被缘毛，上面被糙伏毛，下面几无毛；花梗短或几无；花萼管状钟形，长5~8 mm，无毛但仅萼齿边缘被长缘毛，具10脉，萼齿5，长三角形或线状披针形，长为花萼之半或较短；花冠红紫色至蓝色，筒状，微弯，长2~2.5 cm或更长，外面被疏柔毛。花期6—8月；果期8月。

属 筋骨草属 Ajuga Linn.

科 唇形科 Labiatae

该种与原变种不同在于：植株具短茎，高3~6（~12）cm，通常有叶2对，稀为3对。叶宽卵形或近菱形，长4~6 cm，宽3~7 cm，基部下延。花冠长1.5~2（~3）cm。

生长于海拔3200~4100 m的沟谷林下、山坡草地、灌丛。在我国分布于青海、甘肃、四川。

生态地位：伴生种。

藓生马先蒿

Pedicularis muscicola Maxim.

属	马先蒿属　Pedicularis Linn.
科	玄参科　Scrophulariaceae

多年生草本。根粗壮，有分枝。茎丛生，柔弱，分枝多而细长，中间者直立，周围者通常弯曲上升或铺地生长，长达20 cm，常成密丛，被毛。叶互生，具长达2.5 cm的柄；叶片卵状披针形，长4~8 cm，宽1~3.2 cm，羽状全裂，裂片披针形或卵形，常互生，羽状全裂，小裂片边缘具重锯齿，齿有凸尖。花自基部开时生于所有叶腋，直立花梗长达2 cm；花萼圆筒状，长达12 mm，主脉5条，被长毛，齿5枚，近相等，基部三角形，中部渐细，全缘，上部近端处膨大，狭披针形或卵形，具疏尖齿；花冠红色至紫红色，下唇近喉部白色，长4.8~5.3 cm，管长约4 cm，外面被毛。花期6—7月。

生长于海拔2300~3500 m的山坡及沟谷杂木林或云杉林下、阴湿灌丛、河谷石缝。在我国分布于青海、甘肃、陕西、山西、内蒙古、湖北。

生态地位：伴生种。

经济价值：全草入药。

蓝靛果

Lonicera caerulea Linn. var. **edulis** Turcz. ex Herd.

落叶灌木，高1~3 m。幼枝被长、短两种糙毛和刚毛或在新发的长枝上无毛，节上有盘状托叶；老枝和茎干棕红色或黑褐色，树皮条裂。冬芽长卵形，紫红色，锐尖，具副芽。叶长圆形或卵状长圆形，长1.5~5.3 cm，宽0.5~1.8 cm，先端钝，全缘，有缘毛，基部楔形或近圆形，两面散生糙毛，下面脉上毛较密；叶柄短，被毛。花成对腋生，总花梗长3~7 mm，被毛；苞片线形，比花萼长；双花的小苞片合生呈坛状，包被花萼，成熟时肉质，相邻两萼离生；花冠黄绿色，筒状，长10~12 mm，外面被毛，基部有浅囊，裂长3~3.5 mm；花药外露；花柱无毛，伸出花冠外；复果蓝黑色，被白粉，卵状长圆形，长至1.5 cm。花果期6—8月。

生长于海拔2400~2800 m的河谷沟沿、山坡林缘、林下灌丛。在我国分布于青海、甘肃、宁夏、云南、四川、山西、河北、内蒙古、辽宁、吉林、黑龙江。俄罗斯、朝鲜、日本也有分布。

生态地位：伴生种。

属 忍冬属 Lonicera Linn.

科 忍冬科 Caprifoliaceae

唐古特忍冬
Lonicera tangutica Maxim.

| 属 | 忍冬属 Lonicera Linn. |
| 科 | 忍冬科 Caprifoliaceae |

落叶灌木，高达2~4 m。幼枝无毛或有2列弯的短糙毛，有时夹生短腺毛，冬芽顶渐尖或尖，外鳞片2~4对，卵形或卵状披针形，顶渐尖或尖，背面有脊，被短糙毛和缘毛或无毛。叶纸质，倒披针形至矩圆形或倒卵形至椭圆形，顶端钝或稍尖，基部渐窄，长1~4（~6）cm，两面常被毛，上面近叶缘处毛常较密；叶柄长2~3 mm。总花梗生于幼枝下方叶腋，纤细，稍弯垂，长1.5~3（~3.8）cm；苞片狭细，略短于至略超出萼齿；小苞片分离或连合，长为萼筒的1/4~1/5；相邻两萼筒中部以上至全部合生，椭圆形或矩圆形，长2（~4）mm，无毛，萼檐杯状，长为萼筒的2/5~1/2或相等，顶端具三角形齿或浅波状至截形，有时具缘毛；花冠白色、黄白色或有淡红晕，筒状漏斗形，长（8~）10~13 mm，裂片近直立，圆卵形，长2~3 mm；果实红色，直径5~6 mm。种子淡褐色，卵圆形或矩圆形，长2~2.5 mm。花期5—6月，果期7—8月。

生长于海拔2450~3750 m的山坡林下、林缘灌丛草甸、河谷灌丛。在我国分布于青海、甘肃、陕西、宁夏、西藏、云南、四川、湖北。

生态地位：优势种、伴生种。

蒙古荚蒾
Viburnum mongolicum (Pall.) Rehder

落叶灌木，高 0.6~2 m。幼枝黄灰色，无毛。叶卵形或椭圆形，长
7~35 mm，宽5~25 mm，先端钝，边缘具小尖齿，基部圆形或宽楔形，
上面被单毛和叉状毛，下面被簇状毛，叶柄短，密被簇状毛。伞房状聚
伞花序生枝顶，有少数花，总花梗3~5，被簇状毛，苞片与小苞片较小，
早落；花萼筒形，长约3 mm，无毛，萼齿小，波状；花冠黄白色，筒状，
长约6 mm，径约4 mm，无毛，裂片小，近圆形，雄蕊与花冠等长。果先
红色，后变为黑色，椭圆形，长约10 mm，无毛，有棱。花果期6—9月。

生长于海拔2300~2800 m的山坡灌丛、田林路边、沟谷林下。在我国
分布于青海、甘肃、宁夏、陕西、山西、河北、内蒙古。蒙古国、俄罗
斯也有分布。

生态地位：伴生种。

属　荚蒾属　Viburnum Linn.

科　忍冬科　Caprifoliaceae

莛子藨

Triosteum pinnatifidum Maxim.

属	莛子藨属	Triosteum Linn.
科	忍冬科	Caprifoliaceae

多年生草本。茎开花时顶部生分枝1对，高达60 cm，具条纹，被白色刚毛及腺毛，中空，具白色的髓部。叶羽状深裂，基部楔形至宽楔形，近无柄，轮廓倒卵形至倒卵状椭圆形，长8~20 cm，宽6~18 cm，裂片1~3对，无锯齿，顶端渐尖，上面浅绿色，散生刚毛，沿脉及边缘毛较密，背面黄白色；茎基部的初生叶有时不分裂。聚伞花序对生，各具3朵花，无总花梗，有时花序下具卵形全缘的苞片，在茎或分枝顶端集合成短穗状花序；萼筒被刚毛和腺毛，萼裂片三角形，长约3 mm；花冠黄绿色，狭钟状，长约1 cm，筒基部弯曲，一侧膨大成浅囊，被腺毛，裂片圆而短，内面有紫色斑点；雄蕊着生于花冠筒中部以下，花丝短，花药矩圆形，花柱基部被长柔毛，柱头楔状头形。果实卵圆形，肉质，具3条槽，长约10 mm，冠以宿存的萼齿；核3枚，扁，亮黑色。种子凸平，腹面具2条槽。花期5—6月，果期8—9月。

生长于海拔2500~3700 m的山坡林缘灌丛、沟谷林下。在我国分布于青海、甘肃、宁夏、陕西、四川、山西、河北、河南、湖北。日本也有分布。

生态地位：伴生种。

血满草

Sambucus adnata Wall. ex DC.

多年生草本，高至1.5 m。根红色。茎直立，具棱，多分枝。奇数羽状复叶，具叶片状托叶；小叶3~5对，长椭圆形至披针形，长4~15 cm，宽1.5~2.5 cm，先端渐尖，边缘有锯齿，基部渐狭，上面被短柔毛，下面无毛；顶部一对小叶基部常有相连，有时也与顶生小叶相连；小叶的托叶退化成瓶状腺体。大型圆锥状聚伞花序，具长总花序梗，含多数花，分枝被短毛，常杂有腺毛；花小，白色，有恶臭；花萼长约0.5 mm，被短毛；花冠辐状，长约1.5 mm，裂片近卵形；花丝基部膨大。浆果红色，圆形，直径约2 mm。花果期6—8月。

生长于海拔1800~2800 m的山坡林下、林缘灌丛、河滩疏林、沟谷溪边、阳坡山麓、河堤岸边。在我国分布于青海、甘肃、宁夏、陕西、贵州、四川、云南、西藏。

生态地位：优势种、伴生种。

经济价值：地上部分入药。

属 接骨木属 Sambucus Linn.

科 忍冬科 Caprifoliaceae

绿花党参

Codonopsis viridiflora Maxim.

属　党参属 Codonopsis Wall.

科　桔梗科 Campanulaceae

多年生草本。根圆柱状，肥大，粗约1 cm或过之，灰黄色。茎近于直立，单生或少数丛生，高30~70 cm，在下部常有不育分枝，疏被白色短毛。叶互生或在不育枝上的近对生，叶片卵形、圆卵形或卵状长圆形，长1~3 cm，先端钝或急尖，基部浅心形或近圆形，边缘具波状齿，两面被白色短毛，具细长叶柄。花单生于主茎和侧枝顶端，具长花梗，花梗被毛；花萼贴生于子房中部，萼筒短半球形，长约3 mm，具明显10脉，无毛，萼片长圆状披针形，长1~1.2 cm，先端钝尖，边缘疏被波状齿，中部以上被硬毛；花冠钟形，长1.5~2 cm，黄绿色，仅基部微带紫色，无毛，裂片5，浅裂，近三角形；蒴果半球形，先端急尖。种子狭椭圆形，多数，细小，棕黄色。花果期7—9月。

生长于海拔2750~3800 m的山沟灌丛、河滩疏林下、山坡林缘、田边石隙。在我国分布于青海、甘肃、宁夏、陕西、四川。

生态地位：伴生种。

经济价值：根入药。

高原千里光
Senecio diversipinnus Ling

| 属 | 千里光属 | Senecio Linn. |
| 科 | 菊科 | Compositae |

多年生具根状茎草本。根状茎粗，具多数被密茸毛的纤维状根。茎单生，直立，高50~100 cm，被短柔毛，不分枝或上部具花序枝。基生叶具柄，全形倒披针状匙形，长达30 cm，宽约10 cm，大头羽状分裂，顶生裂片大，三角状戟形，渐尖，边缘有不规则齿，侧生裂片较小，3~6对，长圆形至披针形，尖或渐尖，纸质，下面被疏蛛丝状毛或柔毛；叶柄基部扩大。花序梗细，长5~15 mm，有基生线形苞片；小苞片线状钻形，总苞狭钟状，长5~6 mm，宽2~3 mm，具外层苞片；总苞片8~9，线状披针形。舌状花5或无舌状花；舌片黄色，长圆形，长6~8 mm；宽1~1.5 mm，瘦果圆柱形，长3.5~4.5 mm，有柔毛。冠毛白色，长6~7 mm。花果期7—9月。

生长于海拔1900~4000 m的河滩草地、沟谷林缘。在我国分布于青海、甘肃、四川。

生态地位：伴生种。

高原天名精

Carpesium lipskyi C. Winkl.

属 天名精属 Carpesium Linn.

科 菊科 Compositae

多年生草本，高达75 cm，茎直立，被长柔毛，上部花序有分枝。基生叶早落或宿存；茎下部叶椭圆形或匙状椭圆形，长5.5~19 cm，宽2.5~6.5 cm，先端钝或稍尖，边缘有腺体状突出的胼胝或全缘，基部楔形，下延成柄，上面被基部膨大的伏毛，下面被长柔毛，两面有腺点，叶柄长至7 cm，被毛，基部毛较密；中上部叶椭圆形至披针形，稀卵形或阔卵形，具短柄或无柄。头状花序顶生或腋生，腋生小枝具2~3个头状花序，做总状排列；苞叶5~7，披针形，长至1.5 cm，先端急尖；总苞盘状，直径10~15 mm，长约5 mm；总苞片4层，外层披针形，叶状，上部草质，下部膜质，常反折，先端尖，内层膜质，披针形，先端渐尖；小花黄色，长约3 mm，管部有密毛。花果期7—9月。

生长于海拔2500~3700 m的沟谷林缘、灌丛草甸、田边渠岸、河滩疏林下。在我国分布于青海、甘肃、云南、四川。

生态地位：伴生种。

经济价值：全草入药。

三角叶蟹甲草

Parasenecio deltophyllus (Maxim.) Mattf.

属 蟹甲草属 Parasenecio W. W. Smith et J. Small

科 菊科 Compositae

　　多年生草本，根状茎粗壮，直伸，具多数纤维状须根。茎单生，高50~80 cm，直立，具明显的沟棱，被疏生柔毛或近无毛。叶具柄，下部叶在花期枯萎凋落，中部叶三角形，长4~10 cm，宽5~7 cm，顶端急尖，基部截形或楔形，边缘具不规则的浅波状齿，齿端钝，具小尖头，上面无毛，下面被疏短柔毛，基生3~5脉，侧脉向上分叉；叶柄长3~6 cm，无翅，被白色卷毛或疏腺毛；上部叶渐小，最上部叶披针形，具短叶柄。头状花序数个至10个，下垂，在茎端或上部叶腋排列成伞房状花序；花序梗长10~30 mm，被疏卷毛和腺毛，具3~8线形小苞片。总苞钟状，长6~8 mm，宽5~10 mm；总苞片8~10，长圆形，长约8 mm，宽2~3 mm，顶端渐尖，有髯毛，边缘宽膜质，外面疏被白色柔毛和腺毛。小花多数，花冠黄色或黄褐色，长5~7 mm，管部细，长约3 mm，檐部钟状。瘦果圆柱形，长3~4 mm，无毛，具肋；冠毛白色，长6~7 mm。花期7—8月，果期9月。

　　生长于海拔2500~3900 m的河滩草甸、山坡草丛、沟谷林下、林缘灌丛。在我国分布于青海、甘肃、四川。

　　生态地位：伴生种。

糖芥绢毛菊

Soroseris erysimoides (Hand.-Mazz.) Shih

属 绢毛菊属 **Soroseris** Stebb.

科 菊科 **Compositae**

多年生草本，高5~30 cm。根粗，肉质。茎粗壮，圆柱形，中空，有多数纵棱，不分枝，无毛或上部有白色柔毛。叶多数，沿茎螺旋状排列，两面无毛或叶柄被稀疏的柔毛；茎中下部叶线形、倒披针形至线状长圆形，长4~9 cm，宽2~10 mm，全缘，基部下延成长柄；茎上部叶渐小，线形。头状花序极多数，密集茎端呈半球形。总苞狭圆柱状，长7~12 mm，宽约2 mm；总苞片2层，无毛或有稀疏的长柔毛，长1~1.2 cm，外层总苞片2枚，直立而紧贴内层总苞片；内层总苞片4枚，顶端急尖或钝。花黄色，4枚，舌片长圆形，长约6 mm，宽约2 mm，管部长约4 mm。瘦果长圆形，长5~6 mm，棕色，顶端截形，下部收窄，具5条细纵肋；冠毛长6~8 mm，鼠灰色或淡黄色。花果期7—9月。

生长于海拔3300~5400 m的高寒草甸、阴坡高山灌丛。在我国分布于青海、甘肃、陕西、西藏、云南、四川。印度、不丹也有分布。

生态地位：伴生种。

经济价值：全草入药。

锐果鸢尾
Iris goniocarpa Baker

多年生草本，植株高10~25 cm，基部宿存纤维状枯叶鞘。根状茎短，黄褐色或棕色，须根多数，近肉质，淡黄色或黄白色。叶基生，条形，基部鞘状，互相套叠，直立，长7~25 cm，宽2~4 mm。花茎直立，高9~25 cm；苞片2，绿色，边缘膜质，淡粉红色，顶端渐尖，向外反卷，内含1花；花蓝色，花被片6，外轮花被片长约3 cm，平展或下弯，具深紫色斑纹。向轴面中脉具白色棒毛状附属物，内轮花被片短于外轮花被片，直立，花被管状，长1.5~2 cm；雄蕊3，花药条形，黄色；子房纺锤形，花柱柱头三裂，每个裂片复二裂，小裂片花瓣状，蓝色。蒴果椭圆形，具短喙。种子栗褐色，呈多面体。花果期6—9月。

生长于海拔2400~4800 m的高山草甸、高寒草原、河谷阶地、山坡林下、林缘灌丛、沟谷河岸、灌丛草甸。在我国分布于青海、甘肃、陕西、西藏、云南、四川。尼泊尔、不丹、印度也有分布。

生态地位：伴生种。

| 属 | 鸢尾属 | Iris Linn. |
| 科 | 鸢尾科 | Iridaceae |

甘肃贝母

Fritillaria przewalskii Maxim. ex Batal.

属	贝母属	Fritillaria Linn.
科	百合科	Liliaceae

多年生草本。高8~55 cm。鳞茎由2枚鳞片组成，卵球形，直径5~15 mm。茎细，光滑，下面一部分埋于地下。叶通常5枚，下部2枚叶对生，上部叶互生或对生，条形，长3~6 cm，宽3~5 mm，先端钝或渐尖，不卷曲，花单生，少有2朵，钟状，下垂，浅黄色，有紫褐色斑点或无；叶状苞片1枚，细而长，先端尾状渐尖，卷曲或不卷曲；花被片长圆形或长圆状倒卵形，长1.6~2.2 cm，宽约6 mm，先端钝，外轮3片较窄，基部蜜腺窝不明显；雄蕊长为花被片的一半，花药黄色，长圆形，长约5 mm，花丝基部最宽，长约6 mm，被乳突或光滑；子房长圆形，长约3 mm，花柱细，长约5 mm，柱头3裂，裂片短，长约1 mm。蒴果长宽近相等，直径1~1.3 cm。花期6月，果期8月。

生长于海拔2400~4400 m的山地高寒灌丛中、山坡草地、沟谷林缘、河岸石隙。在我国分布于青海、甘肃、四川。

生态地位：伴生种。

经济价值：鳞茎和叶可入药。

黑熊

Ursus thibetanus G. [Baron] Cuvier, 1823

头宽圆，耳大，眼小，尾极短，四肢粗短，爪长而弯曲，颈部两侧具蓬松长毛。体毛黑色而富有光泽，胸部由白色或黄白色短毛构成月牙形斑纹。

典型的森林动物，适应性强，从低海拔的热带雨林、针阔混交林到高海拔的寒温带针叶林、高山稀树灌丛地带都有分布，在青藏高原可到达4000 m以上地区。食性杂，主要以植物性食物为主，如嫩叶、竹笋、苔藓、蘑菇、青草以及各种浆果等，也吃鱼、蟹、蛙、鸟卵及小型兽类。生殖间隔期约1年，多在夏季交配，孕期7个月左右，每胎产1~2崽。

在我国分布于黑龙江、吉林、辽宁、河北、河南、陕西、甘肃、西藏、四川、云南、贵州、重庆、广西、海南、广东、湖北、湖南、江西、福建、台湾、浙江、安徽。国外主要分布于亚洲东部和南部。

属	熊属 Ursus
科	熊科 Ursidae

- 《国家重点保护野生动物名录》：Ⅱ级
- 《中国物种红色名录》：易危(VU)
- 《世界自然保护联盟濒危物种红色名录》（IUCN）：易危(VU)
- 《濒危野生动植物种国际贸易公约》（CITES）：附录Ⅰ

豺
Cuon alpinus Pallas, 1811

（属）豺属 Cuon
- - - - - - - - - - - - - - - - - -
（科）犬科 Canidae

体形比狼小，体长约110 cm。头部较宽，吻颌较短，耳短而圆，尾毛长而蓬松。体背红棕色或灰棕色，杂黑色毛尖，体腹棕白色或灰棕色，尾后端黑色。

典型的山地动物，适应能力极强，从热带到寒带，自低海拔到高山的各种环境都可见其踪迹，在青藏高原可见于海拔4000 m以上处。多栖息于丘陵、山地灌丛和稀树草坡等生境。喜群居，善围猎，捕食麂类、鹿类、麝类等有蹄类动物，食物匮乏时也取食啮齿类动物，有时甚至会伤害家畜。一般在冬春季繁殖，每年产1胎，每胎少则3~4崽，多则8~9崽。

曾是东亚和南亚大陆的广布种，我国除台湾、海南以外的大部分地区都有分布，但由于栖息地遭到破坏，实际分布区已缩减至甘肃、四川、陕西、云南、西藏、新疆。国外现仅分布于孟加拉国、不丹、印度、尼泊尔、老挝、柬埔寨、缅甸、泰国、马来西亚、印度尼西亚。数量稀少。

- 《国家重点保护野生动物名录》：Ⅰ级
- 《中国物种红色名录》：濒危(EN)
- 《世界自然保护联盟濒危物种红色名录》（IUCN）：濒危(EN)
- 《濒危野生动植物种国际贸易公约》（CITES）：附录Ⅱ

身体粗壮，四肢较长，尾巴很短。脸颊部有长而下垂的毛，耳尖生有黑色的笔状簇毛。体毛为粉棕或灰褐色，体侧遍布不太明显的淡褐色斑点。耐寒性极强。

栖息于海拔3000 m以上的亚寒带针叶林、寒温带针阔混交林、高山裸岩地带或荒漠草原区。在岩缝、石洞或树洞内筑巢。独栖。多晨昏活动，机警敏捷，行动隐蔽，善于攀爬。主要以鼠类、野兔和鸟类为食，也捕食野猪、野羊等中型兽类。冬末春初交配，孕期约两个月，每胎产1~3崽。

在我国分布于黑龙江、吉林、辽宁、内蒙古、甘肃、新疆、青海、西藏、四川、云南。国外分布于欧亚大陆中部和北部，数量稀少。

猞猁

Lynx lynx Linnaeus, 1758

属　猞猁属　Lynx

科　猫科　Felidae

- 《国家重点保护野生动物名录》：II级
- 《中国物种红色名录》：濒危(EN)
- 《世界自然保护联盟濒危物种红色名录》（IUCN）：无危（LC）
- 《濒危野生动植物种国际贸易公约》（CITES）：附录II

斑尾榛鸡

Tetrastes sewerzowi Przewalski, 1876

属 榛鸡属 Tetrastes

科 雉科 Phasianidae

全长约35 cm。雄鸟颏、喉黑色并围以白色边，头至尾上覆羽栗色，具明显黑色横斑，中央尾羽栗棕色，具黑与棕白相间的横带，外侧尾羽黑褐色具白色横斑和端斑。胸栗色，具黑色横斑。雌鸟似雄鸟，但羽色较暗，颏、喉部褐色。

栖息在海拔2400~4300 m针阔混交林或灌丛中。夏末至翌年早春常结群活动。食物以柳树等植物的芽、叶、果实和种子为主，也取食草籽、地衣和昆虫等无脊椎动物。在树下地面营巢，5—6月产卵，每窝5~8枚。

在我国分布于青海、甘肃、西藏、四川、云南。

- 《国家重点保护野生动物名录》：Ⅰ级
- 《中国物种红色名录》：近危(NT)
- 《世界自然保护联盟濒危物种红色名录》（IUCN）：近危(NT)

黄喉雉鹑

Tetraophasis szechenyii Madarász, 1885

体长约48 cm。头灰褐色，喉部皮黄色无白色边缘，眼周裸皮猩红色；腰及尾上覆羽灰褐色，下胸、腹部及两肋有许多栗色斑。

繁殖期主要栖息于海拔3300~4800 m的针叶林、高山杜鹃灌丛和林线以上的苔原地带，冬季在混交林和林缘地带活动。夜间多栖息于低矮树枝上，除繁殖期成对或单独活动外，其他时候多成小群活动。主要以植物的根、叶、芽、果实与种子为食，也吃少量地衣或昆虫。4—5月产卵，每窝产卵2~5枚。

在我国分布于西藏、青海、四川、云南。

属 雉鹑属 Tetraophasis

科 雉科 Phasianidae

- 《国家重点保护野生动物名录》： I 级
- 《中国物种红色名录》：易危(VU)
- 《世界自然保护联盟濒危物种红色名录》（IUCN）：无危(LC)

蓝马鸡
Crossoptilon auritum Pallas, 1811

属 马鸡属 **Crossoptilon**

科 雉科 **Phasianidae**

　　大型雉鸡，全长约96 cm。身被闪亮的青灰色羽毛，披散如毛发状；头顶和枕部密布蓝黑色绒羽，嘴和面部裸皮绯红色，格外醒目；白色的耳羽簇斜向后方突出，宛如围着雪白的围巾被微风轻轻掠起。中央尾羽特长而上翘，羽枝披散下垂如马尾，两侧尾羽基部白色，其余为紫蓝色。脚珊瑚红色。

　　栖息于海拔2700~4400 m高寒山区，常集小群活动于开阔高山草甸及桧树林、杜鹃灌丛间。主要吃植物性食物，也食昆虫。晨昏活动为主，羽翼退化，不善于飞翔。繁殖期4—6月，雄鸟在繁殖期为争配偶会进行激烈打斗，多营巢在浓密的灌木丛间或稍凹的处所，每窝产卵5~12枚。

　　在我国分布于青海、甘肃、宁夏、西藏、四川。

- 《国家重点保护野生动物名录》：Ⅱ级
- 《中国物种红色名录》：近危(NT)
- 《世界自然保护联盟濒危物种红色名录》（IUCN）：无危(LC)

雀鹰

Accipiter nisus Linnaeus, 1758

属	鹰属 Accipiter
科	鹰科 Accipitridae

　　全长约38 cm 。前额、头顶至后颈黑褐色，眉纹淡棕白色，颏、喉白色，散布褐色纤细纵纹；上体余部灰褐色或乌灰色，翼下飞羽和尾下覆羽具暗褐色带斑。下体余部灰白色，满布细密的棕褐色或棕红色波形横斑。雌鸟与雄鸟相似，但体形稍大。

　　栖息于林缘、农田、居民区和稀树灌丛等生境中，常见单个停于树木顶端等突出物上。迁徙鸟类，在乔木上营巢。捕食小鸟和昆虫。

　　我国大多数地区都有分布。国外广泛分布于欧洲和亚洲，部分冬季迁至非洲越冬。

- 《国家重点保护野生动物名录》：Ⅱ级
- 《中国物种红色名录》：无危(LC)
- 《世界自然保护联盟濒危物种红色名录》（IUCN）：无危(LC)
- 《濒危野生动植物种国际贸易公约》（CITES）：附录Ⅱ

灰背伯劳

Laniu tephronotus Vigors, 1831

属	伯劳属 Laniu
科	伯劳科 Laniidae

全长约25 cm。额基黑色，与黑色贯眼纹相连，头顶至下背和肩羽暗灰色。翅和尾黑褐色，尾羽羽缘和羽端棕褐色。胸、腰、两胁及尾下覆羽和尾上覆羽棕黄色，下体余部近白色。

栖息于海拔2200~4500 m的森林灌丛、草甸、林缘或农田旁、村寨附近的树木间。多单独或成对停歇于干树枝顶部及树冠上，主要以昆虫等动物性食物为食，也吃少量植物性食物。

喜马拉雅山脉和中南半岛北部有分布。在我国分布于陕西、内蒙古、宁夏、甘肃、新疆、西藏、青海、云南、四川、贵州、广西。

- 《中国物种红色名录》：无危(LC)
- 《世界自然保护联盟濒危物种红色名录》（IUCN）：无危(LC)

家燕

Hirundo rustica Linnaeus, 1758

属	燕属 Hirundo
科	燕科 Hirundinidae

　　全长约20 cm。前额暗栗红色，头顶至体背包括翅和尾羽表面辉蓝黑色。颏、喉至上胸栗红色，下胸具蓝黑色横带，腹至尾下覆羽白色，尾呈深叉状，两性相似。

　　栖息于从平原至高山的村落及城区内，常见站立在电线、树枝和建筑物上，或飞行于田间和居民点上空。以蝇、蚊等各种飞行昆虫为食。为迁徙性鸟类，2000多年前就与人类建筑物相伴，在居民住宅建筑物的梁上或房檐等处筑巢，已很难见到其野外筑巢，繁殖期5—8月，每窝产卵4~5枚。

　　是世界上分布最广的鸟类之一，几乎遍及两极以外的世界各地。我国各省区均有分布。

- 《中国物种红色名录》：无危(LC)
- 《世界自然保护联盟濒危物种红色名录》（IUCN）：无危(LC)

红嘴山鸦

Pyrrhocorax pyrrhocorax Linnaeus, 1758

| 属 | 山鸦属 Pyrrhocorax |
| 科 | 鸦科 Corvidae |

全长约40 cm，全身黑色，闪蓝绿色金属光泽。嘴橙红色，细长且下弯。两性相似。

在我国见于海拔2400~6000 m山地裸岩地带、稀树草地、草甸和灌丛。常结群飞翔于山谷间，或在村寨附近活动觅食，食物主要为昆虫，也取食其他无脊椎动物或小型脊椎动物，秋、冬季则以杂草种子和农作物为食。繁殖期3—7月，在石洞或山崖裂缝中筑巢，也喜在人类建筑物筑巢，每窝产卵4~6枚。

在我国分布于西藏、云南、四川、新疆、甘肃、陕西、青海、内蒙古、黑龙江。国外分布于欧洲中部和南部至西亚、南亚北部、中亚东部。

- 《中国物种红色名录》：无危(LC)
- 《世界自然保护联盟濒危物种红色名录》（IUCN）：无危(LC)

暗绿柳莺
Phylloscopus trochiloides Sundevall, 1837

全长约11 cm。上体暗橄榄绿色，具黄白色眉纹和暗褐色贯眼纹，耳羽和颊灰褐色；翅和尾黑褐色，翅上具两道淡黄色翅斑，前翅斑不明显；下体污白沾黄，胸和两胁沾灰。

广泛栖息于阔叶林、针叶林、竹林及林缘疏林和灌丛，在青藏高原主要见于针叶林和亚高山灌丛、草甸。多成对或结小群在树冠或灌丛觅食。食物主要为昆虫，也取食植物果实或种子。繁殖期5—8月，每窝产卵3~7枚。

在我国分布于新疆、甘肃、陕西、青海、西藏、云南、四川、海南。国外分布于欧洲中部及中亚、南亚、东南亚北部和中部。

- 《中国物种红色名录》：无危(LC)
- 《世界自然保护联盟濒危物种红色名录》（IUCN）：无危(LC)

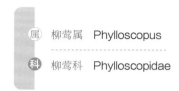

属	柳莺属	Phylloscopus
科	柳莺科	Phylloscopidae

棕草鹛

Garrulax koslowi Bianehi, 1905

属	噪鹛属　Garrulax
科	噪鹛科　Leiothrichidae

全长约28 cm。头至后枕栗褐色，颊和耳羽棕褐，具灰色细纹，颏和上喉棕白，嘴近黑色并下弯；体背面棕褐而具浅色纵纹，两翅及尾棕褐，初级飞羽外缘灰色，尾羽具明暗相间的横斑；体腹面灰白或淡茶黄色，胸和腹侧具棕栗色纵斑；两性相似。

栖息于海拔3700~4500 m的高山针叶林、灌丛或耕地旁矮灌，多在地面活动，繁殖季节成对或单独活动，主要取食昆虫及植物种子。

在我国分布于青海、西藏。

- 《国家重点保护野生动物名录》：Ⅱ级
- 《中国物种红色名录》：近危(NT)
- 《世界自然保护联盟濒危物种红色名录》（IUCN）：近危(NT)

大噪鹛
Garrulax maximus Verreaux, 1870

全长约33 cm。前额、头顶至枕部黑褐色，眉纹、颊和耳羽棕红色，颏和喉棕褐色，喉具黑色块斑；背及翅上覆羽和肩羽栗褐色，满布白色点斑，翅和尾羽黑褐色，均具白色点斑；上胸部棕红色，羽端淡皮黄色，其余下体皮黄色；两性相似。

栖息于海拔2000~4200 m亚高山落叶阔叶林、针阔混交林和竹林下灌丛，多在林下或林缘灌木间活动，或在地上落叶层中觅食。主要以昆虫等无脊椎动物为食，也吃植物果实和种子。5—8月为繁殖期，在矮灌上筑巢，每窝2~3枚卵。

在我国分布于甘肃、西藏、青海、云南、四川。

属 噪鹛属 Garrulax

科 噪鹛科 Leiothrichidae

- 《国家重点保护野生动物名录》：Ⅱ级
- 《中国物种红色名录》：无危(LC)
- 《世界自然保护联盟濒危物种红色名录》（IUCN）：无危(LC)

斑胸钩嘴鹛

Erythrogenys gravivox David, 1873

属	钩嘴鹛属 Erythrogenys
科	林鹛科 Timaliidae

全长约23 cm。嘴长而下弯，额基、颊和耳羽铁锈色，眼先棕白，颚纹黑色；体背面灰橄榄色；颈侧、胸侧、两胁和尾下覆羽铁锈色，胸部具显著的黑色纵纹，下体中央白色；两性相似。

在青藏高原栖息于海拔3200~3800 m的灌丛、草丛或低灌丛间。常单独或结小群活动，主要以昆虫和植物果实、杂草种子等为食。繁殖期5—6月，于地面或灌丛中筑巢，每窝产卵2~6枚。

在我国分布于河南、山西、陕西、甘肃、西藏、云南、四川、重庆、贵州、湖北。国外分布于缅甸、老挝、越南。

- 《中国物种红色名录》：无危(LC)
- 《世界自然保护联盟濒危物种红色名录》（IUCN）：无危(LC)

蓝额红尾鸲

Phoenicurus frontalis Vigors, 1832

全长约16 cm。雄鸟前额亮蓝色，头顶至上背和肩羽深蓝色，羽端缀黄褐色；腰和尾上覆羽棕黄色，翅黑褐色，中央尾羽黑色，外侧尾羽棕黄色，羽端黑色；喉和上胸深蓝色，下胸至尾下覆羽和两胁棕黄色。雌鸟头顶和上背暗棕褐色，颏、喉部沾灰色；腰、尾上覆羽和尾羽羽色较雄鸟浅淡；下体黄褐色。

栖息于海拔3000~5200 m的高原针叶矮树林及灌丛中。单个或成对活动，取食昆虫和植物果实。繁殖期为5—8月，筑巢在树洞、墙缝或树桩上，每窝产卵3~6枚。

分布于喜马拉雅山脉和中南半岛。在我国分布于陕西、宁夏、甘肃、西藏、青海、云南、四川、重庆、贵州。

- 《中国物种红色名录》：无危(LC)
- 《世界自然保护联盟濒危物种红色名录》（IUCN）：无危(LC)

属　红尾鸲属　Phoenicurus

科　鹟科　Muscicapidae

赭红尾鸲

Phoenicurus ochruros Gmelin, 1774

（属）红尾鸲属 Phoenicurus

（科）鹟科 Muscicapidae

　　全长约15 cm。雄鸟前额、头侧和颈侧黑色，头顶至后颈灰褐；背部黑褐沾灰，翅和中央尾羽暗褐色，尾上覆羽和外侧尾羽栗黄色；喉及上胸黑色，下体余部红棕色。雌鸟头顶、后颈及背羽红褐色，翅黑褐色；下体棕褐色。

　　在我国栖息于海拔3000 m以上的高山灌丛、草甸及稀树林中，常见于村庄附近、岩石较多的河谷和山坡，短距离迁徙或季节性垂直迁移鸟类。单独或成对活动，觅食昆虫、草籽和种子。繁殖期6—7月，在灌丛中营巢，每窝产卵4~6枚。

　　在我国分布于北京、河北、山西、陕西、内蒙古、宁夏、甘肃、新疆、西藏、青海、云南、四川。国外分布于欧洲以及北非、西亚、中亚和南亚。

- 《中国物种红色名录》：无危(LC)
- 《世界自然保护联盟濒危物种红色名录》（IUCN）：无危(LC)

北红尾鸲

Phoenicurus auroreus Pallas, 1776

全长约15 cm。雄鸟头顶至后颈石板灰色，头侧和颏、喉黑色；背、肩羽及翅上覆羽黑色，翅和中央尾羽黑褐色，翅上具显著白斑，腰和尾上覆羽及外侧尾羽棕黄色；下体余部棕黄色。雌鸟羽色以橄榄褐色为主，翅上白斑比雄鸟的小，腹部淡皮黄色。

栖息于山地森林、灌丛地带，也见于路边林缘和居民点附近的稀树丛、公园、花园等。迁徙性鸟类，青藏高原为繁殖区。常单个或成对活动，以昆虫和植物种子等为食。繁殖期5—8月，在墙洞、石缝中营巢，每窝产卵3~6枚。

在我国分布于除新疆外的各省区。国外分布于东南亚一些国家和地区。

属	红尾鸲属	Phoenicurus
科	鹟科	Muscicapidae

- 《中国物种红色名录》：无危(LC)
- 《世界自然保护联盟濒危物种红色名录》（IUCN）：无危(LC)

蓝眉林鸲
Tarsiger rufilatus Hodgson, 1845

属 鸲属 Tarsiger

科 鹟科 Muscicapidae

全长约15 cm。雄鸟上体深蓝色，眉纹、翅上小覆羽和尾上覆羽亮海蓝色，翅暗褐色，羽缘蓝色；下体灰白色，两胁橙黄色。雌鸟上体暗橄榄褐色，颏、喉白色，腰和尾上覆羽及尾羽蓝而沾绿褐色；下体余部与雄鸟相似。

栖息于海拔3000~4400 m的山地针叶林、次生林、矮灌林、林下灌丛及林缘稀疏地带；具季节性垂直移动习性。以昆虫，植物种子、果实为食。繁殖期5—8月，每窝产卵3~5枚。

喜马拉雅山脉和中南半岛北部有分布。在我国分布于甘肃、西藏、青海、云南、四川、贵州。

- 《中国物种红色名录》：无危(LC)
- 《世界自然保护联盟濒危物种红色名录》（IUCN）：无危(LC)

戴菊
Regulus regulus Linnaeus, 1758

全长约9 cm。雄鸟头顶中央具橙黄色顶冠，两侧缘以黑色侧冠纹，额基至眼周淡棕白色，颊、耳羽和颈侧灰橄榄绿色；上体橄榄绿色，后颈至上背沾灰色，翅和尾黑褐色，翅上有两道淡黄色翅斑；下体淡灰沾黄色。雌鸟头顶中央呈黄色，余部与雄鸟相似。

繁殖鸟栖息于山地针叶林和林下灌丛，最高海拔达4000 m；迁徙鸟。常结小群在树冠顶部的枝叶间或灌丛中活动。主要以昆虫等无脊椎动物为食，兼吃植物种子。

在我国新疆西部和东北、西南地区繁殖，在东南沿海地区越冬。国外分布于欧洲以及中亚、西亚、南亚、东亚部分国家和地区。

属　戴菊属　Regulus

科　戴菊科　Regulidae

- 《中国物种红色名录》：无危(LC)
- 《世界自然保护联盟濒危物种红色名录》（IUCN）：无危(LC)

棕胸岩鹨

Prunella strophiata Blyth, 1843

属	岩鹨属	Prunella
科	岩鹨科	Prunellidae

全长约15 cm。上体淡棕褐色，具宽阔的黑褐色纵纹，眉纹前段白而向后呈棕红色，眼先、颊和耳羽黑褐色，颈侧灰白色具黑色纵纹，颏、喉白色杂黑褐色点斑；翅暗褐色，羽缘棕红色，尾褐色；胸部具宽阔的棕红色胸带，其余下体白色，具黑褐色纵纹；两性相似。

栖息于海拔2400~4300 m的高山灌丛、草坡、裸岩地带或农田中，有季节性垂直迁移。多单独或成对活动。取食昆虫、草籽、果实和种子。繁殖期5—8月，筑巢于浓密的灌丛中，每窝产卵3~5枚。

喜马拉雅山脉和中南半岛北部有分布。在我国分布于陕西、甘肃、西藏、青海、云南、四川。

- 《中国物种红色名录》：无危(LC)
- 《世界自然保护联盟濒危物种红色名录》（IUCN）：无危(LC)

栗背岩鹨

Prunella immaculata Hodgson, 1845

全长约 15 cm。前额、头顶至后颈暗灰色，眼先黑色，颊和耳羽暗灰色；背、肩羽及腰和尾上覆羽暗栗色，翅上覆羽灰色，翅和尾羽黑褐色，羽缘灰白色；颈侧、颏、喉至胸和上腹灰色，下腹淡棕黄色，胁和尾下覆羽栗棕色；两性相似。

栖息于海拔 2900~5000 m 的针叶林、林缘和灌丛，具季节性垂直迁移习性。常成对或结小群在沟谷坡地的灌草丛中或林缘空地处活动。主要取食昆虫和种子。繁殖期 5—7 月。

喜马拉雅山脉有分布。在我国分布于陕西、甘肃、西藏、青海、云南、四川。

属	岩鹨属 Prunella
科	岩鹨科 Prunellidae

- 《中国物种红色名录》：无危(LC)
- 《世界自然保护联盟濒危物种红色名录》（IUCN）：无危(LC)

山麻雀

Passer cinnamomeus Temminck, 1836

属	麻雀属 Passer
科	雀科 Passeridae

全长约15 cm。雄鸟上体自前额到背和腰部栗褐色，眼先及颏和喉部中央黑色，颊和耳羽、喉侧和颈侧灰白沾黄；上背具黑色纵纹，翅和尾羽黑褐色，飞羽羽缘淡黄白色，大、中覆羽羽端棕白色；其余下体灰白色。雌鸟上体灰褐色，眼先至耳羽暗褐色，形成贯眼纹上背具黑色条纹，眉纹土黄色；头侧及下体淡黄灰色。

栖息于海拔1000~4300 m的各类森林和灌丛中，常结群在林间或林缘疏林、灌草丛中以及农田等处活动和觅食。杂食性，主要以昆虫和谷物及其他植物的种子为食。繁殖期4—7月，每窝产卵4~6枚。

喜马拉雅山脉、中南半岛北部及朝鲜和日本群岛有分布。在我国分布于黄河流域以南的广大地区。

- 《中国物种红色名录》：无危(LC)
- 《世界自然保护联盟濒危物种红色名录》（IUCN）：无危(LC)

灰头灰雀

Pyrrhula erythaca Blyth, 1862

属	灰雀属	Pyrrhula
科	燕雀科	Fringillidae

全长约16 cm。雄鸟额基、眼先、嘴基和颏黑色，外缘围以灰白色，头顶至背和肩羽烟灰色，喉灰色；腰白色，翅和尾羽黑褐色；胸和腹部橙红色，尾下覆羽白色。雌鸟背、肩羽和翅上覆羽暗棕褐色，下体棕褐色，其他羽色与雄鸟相似。

栖息于海拔2000~3800 m的山地混交林、针叶林和高山灌丛，有季节性垂直迁移。结对或成小群活动，在灌丛或地面觅食植物种子、芽和花，以及昆虫及其幼虫等。

喜马拉雅山脉东段、中南半岛西北部有分布。在我国分布于河北、北京、陕西、甘肃、西藏、青海、云南、四川、重庆、贵州、湖北、台湾。

- 《中国物种红色名录》：无危(LC)
- 《世界自然保护联盟濒危物种红色名录》（IUCN）：无危(LC)

普通朱雀

Carpodacus erythrinus Pallas, 1770

属 朱雀属 Carpodacus

科 雀科 Fringillidae

全长约14 cm。雄鸟前额至后枕赤红色，眼先暗褐色，耳羽褐色沾红，颊和颏、喉至上胸亮洋红色；后颈、背和肩羽暗褐染红色，腰和尾上覆羽暗红色，翅和尾羽黑褐具红色羽缘；下胸至腹和两胁淡红色，腹部中央至尾下覆羽白色而沾粉红。雌鸟上体橄榄褐色具暗褐色纵纹，颏、喉、胸沾黄褐色，具暗褐色纵纹；翅和尾黑褐色，翅上有两道棕白色翅斑；下体近白色，腹部中央至尾下覆羽和两胁白色。

在我国西部栖息于海拔2300~3600 m的山地森林、灌木林、竹林、灌丛，多见小群于林缘、灌丛及村寨附近的树林和农田中活动。具迁徙习性。以稻谷、玉米、高粱、小麦等谷物以及植物果实和昆虫为食。繁殖期5—8月，每窝产卵4~6枚。

广泛分布于欧亚大陆。在我国繁殖于东北、西北、西南和华中地区，于长江以南地区越冬。

- 《中国物种红色名录》：无危(LC)
- 《世界自然保护联盟濒危物种红色名录》（IUCN）：无危(LC)

拟大朱雀
Carpodacus rubicilloides Przewalski, 1876

全长约20 cm。雄鸟前额、头顶、头侧及下体深红色，具白色点斑和纵纹，后颈、背、肩和翅上覆羽灰褐而具黑褐色纵纹，腰至尾上覆羽粉红色，翅和尾灰褐色；尾下覆羽粉白色。雌鸟上体灰褐色，下体淡皮黄色，均具暗褐色纵纹。

繁殖期栖息于海拔3700~5000 m的开阔草原、草甸和灌丛，也见于林缘疏林及居民点附近的青稞地等；有季节性垂直移动。常单独或成对活动，有时也结小群。以草籽、叶芽、果实和青稞等农作物为食。繁殖期6—9月，每窝产卵3~5枚。

喜马拉雅山脉有分布。在我国分布于甘肃、西藏、青海、云南、四川。

属　燕朱雀属　Carpodacus

科　雀科　Fringillidae

- 《中国物种红色名录》：近危(NT)
- 《世界自然保护联盟濒危物种红色名录》（IUCN）：无危(LC)

第三章
青藏高原高寒草原
Chapter Three

一、高寒草原生态系统

　　高寒草原主要由冷旱生的多年生密丛禾草、根茎薹草以及小半灌木类的垫状植物和杂类草组成。其特点是植物低矮、根系浅、吸水迅速、群落稀疏、覆盖度小、组成简单、生长季短。以黄河源头海拔4300 m的玛多县为例，年均温−4 ℃，1月份极端最低温−48.5 ℃，最热的7月份极端最高温22 ℃，全年没有绝对无霜期。年降水量300 mm左右，降水的高峰与气温的高峰同时出现。土壤为高山草原土，土层薄，贫瘠，表面多沙砾，含水量少。

芨芨草草原

西昆仑山的高寒草原

　　紫花针茅高寒草原在青藏高原东部的高原面上大致起始于青海省玛多县花石峡地区的降落岭一带，向西一直延伸到西藏北部的羌塘高原、新疆的东帕米尔高原。在辽阔坦荡的高原河谷与湖盆滩地上大面积地发育和延伸，成为高原面上具有水平地带性的植被景观，而在昆仑山山地和祁连山西部山地以及高原面上浑圆的山地丘陵地带，则形成一定宽度的垂直景观带。紫花针茅适口性好，营养价值高，是青藏高原牧区优良的天然牧草。作为特有种，它广泛分布于青藏高原、帕米尔高原和亚洲中部高山地区，是青藏高原北部高原、高山区高寒草原的特征种和建群种。它通常5月初开始萌发，8月下旬就变得枯黄。紫花针茅高寒草原的伴生种主要有单子麻黄（*Ephedra monosperma*）、簇生柔子草（*Thylacospermum caespitosum*）、二裂委陵菜（*Potentilla bifurca*）、镰形棘豆（*Oxytropis falcata*）、胀果黄华（*Thermopsis inflata*）、几种黄耆（*Astragalus* ssp.）、裂叶独活（*Heracleum millefolium*）、垫状点地梅（*Androsace tapete*）、异叶青兰（*Dracocephalum heterophyllum*）、阿拉善马先蒿（*Pedicularis alaschanica*）、冷蒿（*Artemisia frigida*）、几种风毛菊（*Saussurea* ssp.）、矮火绒草（*Leontopodium nanum*）、垂穗鹅观草（*Roegneria nutans*）、几种羊茅（*Festuca* ssp.）、几

高寒草原景观 1

种早熟禾（*Poa* ssp.）、小嵩草（*Kobresia pygmaea*）、矮嵩草（*Kobresia humilis*）等。其中开黄花的黄华属（*Thermopsis*）和开蓝花的微孔草属（*Thermopsis*）等一些种类还可以单种建群，而在一些坡麓等地段形成类似花海般纯色景观，煞是夺目。

青藏薹草（*Carex moorcroftii*）和垫状驼绒藜（*Krascheninnikovia compacta*）高寒荒漠化草原是高寒草原与高寒荒漠之间的过渡类型，广泛分布于青南高原和南疆的昆仑山南部腹地以及藏北羌塘高原的浑圆山地和宽谷湖盆地带，通常在海拔4600 m以上气候特别寒冷、干燥、强风的条件下生成。青藏薹草和垫状驼绒藜是特征种，也是组合建群种，前者还可以单优势种建群（后者若以单优势种建群，就成为高寒荒漠植被），植物稀疏，群落盖度较之紫花针茅高寒草原更低。伴生种很少，习见的有燥原荠（*Ptilotrichum canescens*）、藏荠（*Hedinia tibetica*）、二裂委陵菜（*Potentilla bifurca*）、几种黄耆（*Astragalus* spp.）、几种棘豆（*Oxytropis* spp.）、苔状雪灵芝（*Arenaria bryophylla*）、簇生柔子草（*Thylacospermum caespitosum*）、梭罗草（*Kengyilia thoroldiana*）、粗壮嵩草（*Kobresia robusta*）等。

高寒草原景观2

高寒草原景观3

相对于高寒草原，另有温性草原的概念，它是欧亚草原区亚洲中部草原亚区的组分，在青海省的分布北起祁连山，南至西倾山，东起大通河，西至青海南山和共和盆地，主要占据着大通河、湟水、黄河谷地及其两侧山地下部和青海湖周围地区，处于森林（高寒灌丛）与荒漠（高寒荒漠）之间，完全符合欧亚大陆，特别是我国的总体植被分布格局，可视为欧亚草原区亚洲中部草原亚区在青海的西部界线，西藏北部也有。青海的这一区域属于青藏高原与黄土高原交汇过渡的祁连山地的范围之内，海拔1700~3200 m，气候相对温暖，年均温4.6 ℃左右，一月份极端最低气温 −28.5 ℃，7月最高气温37 ℃，年降水量300~400 mm。温性草原分布的地域由于气温条件较好，人类活动频繁，强度较大，在具备灌溉条件的平缓的山地和河谷地带，通常早就被开垦成了农田，而存留至今的自然植被则仅限于起伏较大的山地，包括陡峭的山坡地带。

以特征种和建群种命名的这类温性草原主要有长芒草（*Stipa bungeana*）草原、沙生针茅（*S. glareosa*）草原、大针茅（*S. grandis*）草原、青海固沙草（*Orinus kokonorica*）草原、米蒿（*Artemisia dalai-lamae*）荒漠草原、芨芨草（*Achnatherum splendens*）草原等，它们都可作为欧亚草原区典型的温性草原类型，并且其各自的建群种和优势种通常均可相互伴生。它们各自的伴生种习见和重要的分别有唐古特铁线莲（*Clematis tanguticus*）、引果芥（*Neotorularia humilis*）、几种委陵菜（*Potentilla* ssp.）、披针叶黄华（*Thermopsis lanceolata*）、多种黄耆（*Astragalus* ssp.）、几种锦鸡儿（*Caragana* ssp.）、多裂骆驼蓬（*Peganum multisectum*）、狼毒（*Stellera chamaejasme*）、甘肃马先蒿（*Pedicularis kansuensis*）、阿拉善马先蒿（*Pedicularis alaschanica*）、金色补血草（*Limonium aureum*）、多种蒿（*Artemisia* ssp.）、几种火绒草（*Leontopodium* ssp.）、阿尔泰狗娃花（*Heteropappus altaicus*）、多种针茅（*Stipa* ssp.）、白草（*Pennisetum flaccidum*）、赖草（*Leymus secalinus*）、几种葱（*Allium* ssp.）。在一些可向小半灌木荒漠草原过渡的类型或特定地段，还有几种猪毛菜（*Salsola* ssp.）、红砂（*Reaumuria soongarica*）、五柱红砂（*Reaumuria kaschgarica*）、西伯利亚白刺（*Nitraria sibirica*）等。

高寒草原景观4

二、高寒草原常见物种

大马勃
Lycoperdon colossus A. Kawam.

属	马勃属 Lycoperdon Pers.
科	马勃科 Lycoperdaceae

又名灰包、马粪包、马皮泡。菌类植物，担子果近球形至长圆形，直径15~20 cm。大者可达50 cm。包被薄，易消失，外包被白色，内包被黄色，内外包被间有褐色层。初时表面微被茸毛，且内部含有多量水分，后表面变光滑而内部水分渗出，逐渐干燥。成熟时外包被开裂，与内包被分离，内包被青褐色，纸状，轻松有弹力，受震动就散发出孢子。孢子球形，光滑或具细微小疣，淡青黄色，直径3.5~5 μm；孢丝长，与孢子同色，稍分枝，有稀少横隔，粗2.5~6 μm。

在我国分布于青海、甘肃、新疆、山西、河北、内蒙古、辽宁、江苏等地。

成熟时可作药用。

孔疱脐衣

Lasallia pertusa (Rassad.) Llano

地衣体：叶状，单叶型，以下表面中央脐固着基物，直径3~4.5 cm；上表面：栗褐色至深灰褐色，具粉霜及网状斑纹，疱状突众多，顶端具颗粒状、圆饼状至小鳞片状裂芽，疱状突顶端常不规则穿孔，边缘粉芽化；下表面：淡褐色，具白色粉霜层；子囊盘与分生孢子器：未见；地衣特征化合物：髓层K–，C+红色，含 gyrophoric acid。

石生，海拔3800~4400 m；该种与其他地衣在岩石表面形成地衣多样性群落生态景观。在我国分布于西藏、新疆。国外分布于蒙古国、尼泊尔、俄罗斯、挪威。

| 属 | 疱脐衣属 | Lasallia Mérat |
| 科 | 石耳科 | Umbilicariaceae |

黑红小鳞衣

Psorula rufonigra (Tuck.) Gotth. Schneid.

属	小鳞衣属 **Psorula** Gotth. Schneid.
科	鳞网衣科 **Psoraceae**

地衣体：鳞片状，直立至半直立聚生，圆形至长椭圆形，直径2（~3）mm，无明显背腹性，湿润环境下呈橄榄色，干燥环境下呈暗褐色至黑色，有光泽，无粉霜；子囊盘：边缘生，单一或多个聚生，基部缢缩，盘面黑色，稍有光泽，直径约1 mm；子囊及子囊孢子：子囊长棒状，内含8个孢子；孢子无色单胞，椭圆形，直径9~12×5~7μm；分生孢子器及分生孢子：分生孢子器边缘生，黑色；分生孢子椭圆形，直径3~5×1.5μm；地衣特征化合物：均负反应。

生长于岩石表面，海拔1800~3800 m。广泛分布于北半球温带干旱、半干旱地区。在我国分布于内蒙古、新疆。

垫脐鳞
Rhizoplaca melanophthalma (DC.) Leuckert

属	脐鳞属	Rhizoplaca Zopf
科	茶渍科	Lecanoraceae

地衣体：叶状至鳞叶状，以下表面中央脐固着基物，单叶生或深裂裂片状；上表面：污黄色至黄绿色，光滑至细浅龟裂，常具光泽，无粉霜；下表面：光滑至微皱褶，常具纵向撕裂，中央浅棕色至棕色，边缘蓝黑色；下皮层：胶质化，菌丝垂周、平行排列，具蓝黑色色素；子囊盘：茶渍型，聚生于地衣体上表面近中央部，直径0.5~4 mm；盘面凹陷至微凸起，黄棕色、棕色至黑色，强光下颜色更深，具粉霜层；盘缘全缘或缺刻，蜿蜒生长至内卷；子实上层：棕色，高6.5~16（~26）μm；子实层：具浅棕色颗粒，高45~58 μm；侧丝：均匀分隔，直径2~3 μm，顶端墨绿色膨大，直径4~6.5 μm；子囊及子囊孢子：子囊内含8孢子；孢子椭圆形至宽椭圆形，无色单胞，直径6.5~12×4~7 μm；分生孢子器：孔口黑色，分生孢子丝状，直径16~29×0.7 μm。

生长于高山至极高山岩石表面，海拔1600~5784 m；下图拍摄于青藏高原5000 m高山，与微孢衣、橙衣、茶渍衣等形成岩石表面地衣多样性群落景观。在我国分布于青海、西藏、新疆。国外广泛分布于非洲、欧洲、南美洲和北美洲，南北两极都有分布。

西藏大帽藓
Encalypta tibetana Mitt.

属	大帽藓属	Encalypta Hedw.
科	大帽藓科	Encalyptaceae

　　植物体矮小，茎高约5 mm，不分枝，上部黄绿色，基部褐色。叶狭长舌形，先端圆钝，渐尖，长1.5~2.2 mm，边缘平展；中肋几达叶尖。叶上部细胞不规则圆方形，直径约15 μm，每个细胞具多个细疣；叶基部中肋两侧细胞分化，呈长方形。孢蒴长卵形，直立；蒴帽钟形，覆盖几乎整个孢蒴，喙部约占30%，基部无明显裂瓣。

　　生长于海拔4000 m以上的岩石缝隙。在我国分布于西藏、新疆。

外折糖芥
Erysimum deflexum Hook. f. et Thoms.

多年生草本，高2~10 cm；全体有贴生2叉"丁"字毛。根茎匍匐，茎短缩。基生叶丛生，叶片线状匙形或长圆形，长1~3 cm，宽1~3 mm，顶端急尖，基部楔形，全缘或有细齿；叶柄长4~6 mm；花葶长2~7 cm，弯曲，顶端上升，果期外折；总状花序有少数花；萼片长圆形，长4~5 mm；花瓣黄色，倒卵形，长6~7 mm，有长爪。长角果线形，长4~5 cm，宽约1 mm，弯曲，有贴生2叉"丁"字毛，果瓣具1中脉；花柱长约1 mm，柱头头状；果梗粗，长2~3 mm，弯曲。种子长圆形，长约1 mm，褐色。花期5—7月，果期7—8月。

生长于海拔3600~4600 m的高山碎石堆上。在我国分布于新疆。印度也有分布。

生态地位：优势种、伴生种。

属　糖芥属　**Erysimum** Linn.

科　十字花科　Cruciferae

羽裂叶荠

Sophiopsis sisymbrioides (Regel et Herd.) O. E. Schulz

属　羽裂叶荠属　Sophiopsis O. E. Schulz

科　十字花科　Cruciferae

二年生草本，高20~50 cm，被短分枝毛与丛卷毛。茎直立或稍弯曲，基部分枝。基生叶三回羽状分裂，叶柄长约2 cm，叶片长约7 cm；中下部茎生叶具柄，二回羽状深裂或全裂，一回羽片3~5对，二回羽片2~3对，末回裂片窄长圆形；上部叶一回羽状分裂，裂片长圆状条形。花序花时伞房状，果时极为伸长成总状，几达高度之半；萼片淡黄色，长圆形，长约2 mm，背面基部偶有长单毛，内轮基部略囊状；花瓣黄色，长约4 mm，瓣片圆形或稍长，长约2.5 mm，具爪。果梗细，斜上升，被稀疏单毛；短角果直立，几与果序轴平行，倒披针形或窄长圆形，近四棱状，长3~3.5 mm，宽约1 mm；果瓣膨胀，两端钝尖。种子红褐色，长圆形，长约2 mm。花果期7—8月。

生长于海拔3800~4850 m的高寒草原带的河谷山坡、沟谷山坡高寒草甸、高山带的草甸裸地、山坡沙砾质草地。在我国分布于新疆。中亚地区也有分布。

生态地位：优势种、伴生种。

变异黄耆

Astragalus variabilis Bunge ex Maxim.

属 黄耆属 Astragalus Linn.

科 豆科 Leguminosae

多年生草本，高10~30 cm。主根木质化，黄褐色。基部丛生多数茎，直立或稍斜升，具分枝，密被白色"丁"字毛。奇数羽状复叶，长3~6 cm，叶柄与叶轴被"丁"字毛；托叶三角形或卵状三角形，长1.5~4 mm，被毛，与叶柄分离；小叶9~17，矩圆形、倒卵状矩圆形或条状矩圆形，长3~10 mm，宽1~3 mm，先端钝、圆形或微凹，基部楔形或圆形，两面被平伏"丁"字毛，腹面毛较疏。总状花序腋生，具多花；总花梗短于叶，与花序轴同被伏贴"丁"字毛；苞片卵形或卵状披针形，长1~2 mm，被黑色和白色毛；花萼筒状钟形，长5~6 mm。荚果矩圆形，稍弯，两侧扁，长10~14 mm，宽3~4 mm，有短喙，表面密被白色伏贴"丁"字毛，2室；种子肾形，暗褐色，长约1.2 mm。花果期6—8月。

生长于海拔1800~2900 m的河岸沙滩、砾石干山坡、沟谷沙土地。在我国分布于青海、新疆、甘肃、宁夏、内蒙古。蒙古国也有分布。

生态地位：伴生种。

长毛荚黄耆

Astragalus monophyllus Bunge ex Maxim.

（属）黄耆属　Astragalus Linn.

（科）豆科　Leguminosae

多年生矮小草本，高2~4 cm。被白色伏贴长"丁"字毛。主根粗，木质化。茎极短或无。叶基生，三出复叶；托叶膜质，与叶柄联合达1/2，上部狭三角形，密被白色"丁"字毛；叶柄长1~4 cm；小叶宽卵形、宽椭圆形或近圆形，长8~22 mm，宽8~14 mm，先端锐尖，基部近圆形，深绿色，稍厚硬，两面被毛。总花梗短于叶，密被毛；总状花序具1~2花；苞片膜质，卵状披针形，长5~6 mm，被毛；花萼筒状钟形，长10~18 mm，萼齿披针形或条形，长4~8 mm，被白色伏贴"丁"字毛，花冠淡黄色，子房密被毛。荚果矩圆形、矩圆状椭圆形或矩圆状卵形，长1.8~3.4 cm，宽6~8 mm，膨胀，喙长4~6 mm，密被白色长棉毛。花期5—7月，果期7—8月。

生长于海拔3000~3800 m的戈壁荒漠、砾质滩地和砾石干山坡。在我国分布于青海、甘肃、新疆、内蒙古、山西。蒙古国、俄罗斯也有分布。

生态地位：伴生种。

长序黄耆

Astragalus longiracemosus N. Ulziykh.

多年生草本。株高20~35 cm。茎数枚，被疏散开展的坚硬的白毛，并且在下部节处被长0.2~0.3 mm的黑毛。叶长3~8 cm；托叶长3~7 mm，与叶柄贴生很短，其余分离，被稀少的白毛和黑毛，或者被黑毛；叶柄长0.3~2 cm，与叶轴一起被白毛或者像茎一样被白色和黑色毛；小叶6~9对，狭椭圆形，长7~27 mm，宽2~7 mm，在柄的基部密被小的无柄腺体，背面密被至稍密被伏贴的至近伏贴的或部分斜升的毛，腹面光滑，先端钝至急尖或有时微凹。总状花序长2~5 cm，有多数密集的花；总花梗长3~6 cm，在下部疏被开展的白毛和黑毛，在上部多被黑毛；苞片长2~3 mm，被稀少的黑毛。花萼长3~4 mm，密被斜升的黑毛；萼齿长1~2 mm。花瓣淡粉红色、紫色或白色；旗瓣倒卵状椭圆形，长8~10 mm，宽约5 mm，先端圆形至微波状；荚果长4~5 mm，宽2.5~3 mm，2室；果片具横皱纹，密被白毛，并混有少量的黑毛。种子2。花期6—7月，果期7—8月。

生长于海拔3100~4000 m的干旱沟谷河滩、沙棘灌丛沙砾地、高原荒漠沙丘。在我国分布于青海。

生态地位：伴生种。

属　黄耆属　Astragalus Linn.

科　豆科　Leguminosae

红花岩黄耆
Hedysarum multijugum Maxim.

属	岩黄耆属 Hedysarum Linn.
科	豆科 Leguminosae

半灌木，高0.3~1 m。根木质。茎下部木质化，被白色柔毛，有纵沟。托叶膜质，卵状披针形，长2~5 mm，下部联合，先端分离，背面有柔毛；叶长6~14 cm；叶轴有沟槽，密被白色柔毛；小叶15~35，椭圆形、卵形或倒卵形，长5~12 mm，宽3~6 mm，先端钝或微凹，基部近圆形，腹面无毛，背面密被伏贴短柔毛；小叶柄极短，被毛。总状花序生于上部叶腋，长20~35 cm，疏生9~25花；苞片早落；花梗长2~3 mm，被柔毛；花萼斜钟状，长5~6 mm，外面被伏贴短柔毛，萼齿短；花冠长15~19 mm，紫红色，有黄色斑点；旗瓣倒卵形，先端微凹，长14~18 mm，爪短；翼瓣狭，长6~8 mm，宽约1 mm，爪长为瓣片之半，耳与爪近等长；龙骨瓣稍短于旗瓣。荚果扁平，常1~3节，节荚长约5 mm，宽约4 mm，两侧有网纹和小刺。花期6—8月，果期7—9月。

生长于海拔1800~3800 m的阳坡崖壁、沟谷、河滩、堤岸、沙砾地。在我国分布于西北、西南、华北地区。蒙古国、俄罗斯也有分布。

生态地位：优势种、伴生种。

经济价值：根入药。亦可供观赏和栽植美化环境。

马衔山黄耆

Astragalus mahoschanicus Hand.-Mazz.

属　黄耆属　Astragalus Linn.

科　豆科　Leguminosae

多年生草本，高15~35 cm。全株被平伏短柔毛。茎较细，斜升，常有分枝。托叶三角形，离生，长4~6 mm，被毛；奇数羽状复叶，长4~8 cm，叶轴疏被毛；小叶11~19，椭圆形、宽椭圆形、倒卵形或矩圆状披针形，长5~20 mm，宽2~7 mm，先端圆或稍尖，基部圆形或楔形，具短柄，腹面无毛，背面密被或疏被伏贴白色短柔毛。总状花序腋生，长于叶，密生多花；苞片披针形，长1.5~3 mm，疏被毛；花萼钟状，长3~5 mm，与花梗和花序梗同被黑色毛，萼齿长约2 mm；花冠黄色；旗瓣倒卵形，长8~9 mm，先端微凹，爪短；翼瓣长7~8 mm，先端不等2裂，基部具耳和爪；龙骨瓣长约5 mm；子房具短柄，密被黑色白色毛；花柱和柱头无毛。荚果圆球形，直径3~4 mm，密被白色和黑色长柔毛。花期6—8月，果期8—9月。

生长于海拔2000~4250 m的林缘灌丛、高寒草甸、高寒草原和荒漠草原带的山地阳坡、河滩草地、沙土地上。在我国分布于青海、甘肃、新疆、宁夏、四川、内蒙古。

生态地位：伴生种。

经济价值：全草入药。

雪地黄耆

Astragalus nivalis Kar. et Kir.

（属）黄耆属 Astragalus Linn.

（科）豆科 Leguminosae

多年生草本，高6~20 cm。根粗壮，木质。茎密丛生，纤细，常匍匐生长，被灰白色并间有黑色短柔毛。奇数羽状复叶，长2.4~3.8 cm；小叶11~19，矩圆形，长3~9 mm，先端钝，两面密被白色"丁"字毛或背面无毛；托叶小，卵状披针形，先端尖，下部彼此联合，但不与叶柄合生。总状花序密集呈头状，具6~20花；总花梗长2.4~4.8 cm，被白色和黑色"丁"字毛；苞片宽披针形，密被长柔毛；花萼筒状，长1~1.4 cm，膜质，密被黑白色相间的长柔毛；花后期萼筒十分膨大，萼齿短，披针形，背面密被黑色毛，腹面密被黑色和白色相间的毛；花冠紫色或蓝紫色。荚果斜矩圆形，两面凸起，包于萼筒内，长6~9 mm，密被白色毛，腹缝线处密被黑色毛，具长柄，背缝线向内凹陷；种子褐色，长2~2.5 mm。花果期6—8月。

生长于海拔2800~4400 m的砾质山坡、河沟石隙、沙砾滩地、河谷阶地、山前冲积扇、干旱草原。在我国分布于青海、甘肃、新疆、西藏。俄罗斯、印度、巴基斯坦、阿富汗、吉尔吉斯斯坦、塔吉克斯坦、哈萨克斯坦也有分布。

生态地位：伴生种。

川青锦鸡儿
Caragana tibetica Kom.

属	锦鸡儿属	**Caragana** Fabr.
科	豆科	Leguminosae

丛生矮灌木，高20~60 cm，通常呈垫状。树皮灰褐色或灰黄色，多裂纹；枝条短而密集，密被长柔毛。托叶卵形或近圆形，膜质，无针尖；叶轴细而密，长1~3.5 cm，幼时密被长柔毛，全部宿存并硬化成针刺；小叶6~10，条形，常对折，长5~14 mm，宽1~2.5 mm，先端具刺尖，近无叶柄，密被银白色长柔毛。花单生，近无花梗；花萼筒状，长10~14 mm，宽4~5 mm，密被长柔毛，萼齿三角形，长约3 mm，先端具针尖；花冠黄色，长22~25 mm；旗瓣倒卵形，先端微凹，爪长为瓣片之半；子房密生灰白色长柔毛。荚果椭圆形，长8~12 mm，顶端具尖头，外面密生柔毛，内面密被茸毛。花期5—6月，果期6—8月。

生长于海拔2200~3500 m的草原和半荒漠草原地带的干旱阳坡、河谷滩地。在我国分布于青海、甘肃、宁夏、西藏、四川、内蒙古。

生态地位：建群种、优势种、伴生种。

经济价值：枝干木质部、花和根均可入药。固沙能力强，可在沙地造林。

荒漠锦鸡儿

Caragana roborovskyi Kom.

| 属 | 锦鸡儿属 Caragana Fabr. |
| 科 | 豆科 Leguminosae |

矮灌木，多分枝，高20~80 cm。茎直立或外倾；树皮黄褐色或灰褐色，具灰色条棱，呈不规则剥裂；嫩枝密被白色柔毛。托叶狭三角形，膜质，被毛，中脉隆起，具刺尖，有时宿存并硬化成针刺状；叶轴密被柔毛，长1~3 cm，宿存并硬化成针刺；小叶3~5对，羽状排列，宽倒卵形或矩圆形，基部楔形，长3~10 mm，宽2~5 mm，两面生长柔毛，萼筒长9~12 mm，宽5~7 mm，萼齿披针状三角形，长3~5 mm，两面密被毛；花冠黄色，有时带紫色，长26~28 mm；子房密被柔毛。荚果圆柱形，长2.5~3.5 cm，外被长柔毛。花期5—6月，果期6—7月。

生长于海拔1700~3200 m的荒漠带和半荒漠带的草原干山坡、沙砾地、田埂荒地、路边。在我国分布于青海、新疆、甘肃、宁夏、内蒙古。

生态地位：伴生种。

经济价值：可供观赏，亦可栽植绿篱。

甘草

Glycyrrhiza uralensis Fisch.

⑱ 甘草属	Glycyrrhiza Linn.
⑭ 豆科	Leguminosae

多年生草本，高0.4~1 m。根及根状茎圆柱形，长1~2 m，外部褐色至红棕色，内部淡黄，有不规则的纵皱、突起及沟纹。茎直立，稍木质化，密被白色短毛和鳞片状或小刺状腺体。托叶小，披针形，早落；小叶柄长1~3 mm，密被白色毛；小叶7~11，长1.5~4 cm，宽1.2~2.5 cm，先端急尖或较钝，基部圆形或宽楔形，全缘，两面被短毛及腺体，背面尤密；下部小叶有时不规则。花序梗和花序轴及花梗和花萼均具腺状鳞片和短毛；花萼筒状，基部偏斜，长7~8 mm，萼齿披针形，稍长于萼筒；花冠蓝紫色，长1.4~1.6 cm；子房密被腺状鳞片。荚果条状矩圆形，弯曲呈镰刀状或环形，长2~6 cm，宽约7 mm。花期6—8月，果期8—9月。

生长于海拔2000~3000 m的碱化沙地、沙质土草原、山坡灌丛、山谷溪边沙砾地、河滩草地、山坡田埂、路边荒地、河岸土崖、山麓沙滩。在我国分布于西北、华北、东北地区。蒙古国、俄罗斯、巴基斯坦、阿富汗也有分布。

生态地位：伴生种。

经济价值：根茎入药。另：其干燥根茎浸膏可作为食品、饮料、烟草香精的原料；其所含的甘草次酸，可做氢化可的松的代用品，亦可用于化妆品。

克什米尔扁蓿豆

Melilotoides cachemiriana (Camb.) Y. H. Wu

属	扁蓿豆属 Melilotoides Heist. ex Fabr.
科	豆科 Leguminosae

多年生草本，高20~50 cm。茎直立或斜升，多分枝，无毛或偶被微柔毛。三出羽状复叶；托叶三角状披针形，边缘具齿或上部者全缘；叶柄长3~10 mm；小叶片倒卵形，先端钝至截平，具短尖，上面近无毛，下面微被柔毛，中部以上边缘及顶端具疏钝齿，基部楔形。伞形（稀总状）花序腋生，具5~10朵花，疏松；子房条形有短柄。荚果棕色，长圆形，微弯曲，扁平，具细网状脉纹，先端有宿存花柱，成熟后褐色。种子褐色，卵状肾形。花果期6—8月。

生长于帕米尔高原海拔3600~3800 m的宽谷河滩砾地、砾石山坡。在我国分布于新疆、西藏。中亚各国及巴基斯坦、阿富汗、印度等地也有分布。

生态地位：伴生种。

青藏扁蓿豆
Melilotoides archiducis-nicolai (Sirj.) Yakovl.

多年生草本，高5~30 cm。茎四棱形，铺散、斜升或直立，基部多分枝，微被毛或有时无毛。托叶卵状披针形，先端渐尖，基部箭头形，有锯齿，无毛；小叶3，近圆形、阔卵形、椭圆形至阔倒卵形，先端截形或微凹，具短尖，基部宽楔形或近圆形，长8~16 mm，宽6~14 mm，顶端小叶较大，分枝上的小叶较小，两面无毛或背面微被毛；小叶柄短。

| ⑱ | 扁蓿豆属　Melilotoides Heist. ex Fabr. |
| 科 | 豆科　Leguminosae |

总状花序腋生，具2~5花；苞片锥状披针形，长约1 mm；花梗纤细，长3~5 mm，微被毛；花萼宽钟状，长3~4 mm，疏被柔毛，萼齿三角状披针形，与萼筒近等长或稍短；花冠黄色或白色带紫色，长8~9 mm；旗瓣倒卵状楔形，先端微凹，基部楔形；翼瓣稍短或等长于旗瓣，基部具爪，耳稍短于爪；龙骨瓣短，具长爪和短耳；子房线形，顶端弯。荚果矩圆形至近镰形，长8~16 mm，宽4~6 mm，顶端具短喙，无毛，有网纹，含种子2~4枚；种子长约2.5 mm。花期6—7月，果期7—9月。

生长于海拔2000~4300 m的沟谷草甸、河滩砾地、林缘灌丛、山坡草地、田埂路边。在我国分布于青海、甘肃、宁夏、西藏、四川。

生态地位：伴生种。

冰川棘豆

Oxytropis glacialis Benth. ex Bunge

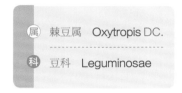

属 棘豆属 Oxytropis DC.

科 豆科 Leguminosae

多年生密丛生草本，高4~15 cm，全株密被白色长柔毛，呈灰白色。茎极短缩。托叶白色，膜质，密被白色长柔毛，彼此联合，与叶柄基部分离；奇数羽状复叶，长2~10 cm；小叶9~19，矩圆形或矩圆状披针形，长3~10 mm，宽1.5~3.5 mm，两面密被白色较开展的绢状长柔毛。总状花序呈球形或矩圆形，具多花；总花梗密被白色和黑色开展长柔毛，上部毛尤密；苞片膜质，条状披针形，长约3 mm，被毛；花萼钟状，长5~6 mm，外面密被白色或有时也杂有黑色长柔毛，萼齿稍短于萼筒；花冠紫红色或蓝紫色；旗瓣长7~9 mm，瓣片近圆形，先端微凹或有时全缘；子房被毛或无毛。荚果卵状球形或矩圆状球形，革质，膨胀，长5~7 mm，宽4~6 mm，外面密被白色开展长柔毛和黑色短柔毛，腹缝线微凹，无隔膜，具短柄。花果期6—8月。

生长于海拔4500~5200 m的高寒草原、山坡砾地、高寒荒漠草原、河滩沙砾地、宽谷草地。在我国分布于青海、甘肃、新疆、西藏。印度、巴基斯坦、阿富汗、俄罗斯也有分布。

生态地位：伴生种。

刺叶柄棘豆
Oxytropis aciphylla Ledeb.

属 棘豆属 Oxytropis DC.

科 豆科 Leguminosae

　　丛生矮小半灌木，高8~15 cm。根粗壮。茎多分枝。叶轴宿存，呈硬刺状，长2~4 cm。嫩时灰绿色，密被白色伏贴柔毛；托叶膜质，下部与叶柄联合，宿存，两面无毛，边缘有白色长柔毛；偶数羽状复叶。小叶2~4对，条形，长5~16 mm，宽1~2 mm，先端渐尖，有刺尖，基部楔形，边缘常内卷，两面密被银灰色伏贴柔毛。花单生，或总状花序腋生，具2花；总花梗长约10 mm，密生伏贴柔毛；花梗长3~5 mm，被毛；苞片膜质，小，钻状披针形；花萼筒状；长8~10 mm，宽约3 mm，花后稍膨胀，密生长柔毛，萼齿锥状，长2~3 mm；花冠蓝紫色或紫红色；子房被毛。荚果矩圆形，硬革质，长1~1.5 cm，宽4~5 mm，密被白色伏贴柔毛，背缝线深陷，隔膜发达。花期6—7月，果期7—8月。

　　生长于海拔2800~3600 m的荒漠草原带的砾石山坡、沙丘、沙砾滩地、阳坡阶地。在我国分布于青海、新疆、宁夏、甘肃、陕西、河北、内蒙古。蒙古国、俄罗斯也有分布。

　　生态地位：伴生种。

二色棘豆
Oxytropis bicolor Bunge

属 棘豆属 Oxytropis DC.

科 豆科 Leguminosae

多年生草本，高5~20 cm，全株被开展白色长柔毛。主根发达、近无茎，花葶及叶平卧。托叶卵状披针形，密被毛；轮生羽状复叶，长4~25 cm；小叶5~15，对生或3~4枚轮生，卵形、条形至披针形，长3~28 mm，宽1.5~8 mm，先端锐尖，基部回形，两面被白色长柔毛。总状花序疏或密生多花；苞片长3~7 mm，有毛；花萼筒状，长9~15 mm，宽3~4 mm，密被长柔毛，萼齿长2~6 mm；花冠蓝紫色，干后常有黄绿色斑；荚果矩圆形，长10~17 mm，宽约4 mm，顶端有喙，密被白色长柔毛，腹缝线有较深沟槽，稍坚硬。花期5—7月，果期6—9月。

生长于海拔2100~3600 m的干旱山坡草地、山脊、沙砾滩地、渠岸。在我国分布于青海、甘肃、陕西、山西、河北、内蒙古、河南、山东。蒙古国也有分布。

生态地位：伴生种。

胶黄耆状棘豆

Oxytropis tragacanthoides Fisch.

属 棘豆属 Oxytropis DC.

科 豆科 Leguminosae

　　丛生矮小半灌木，高5~20 cm。根粗壮而长。老枝粗壮，密被红褐色针刺状宿存叶轴，茎短，多分枝。奇数羽状复叶，长2~8 cm。托叶膜质，疏被毛，下部与叶柄联合；叶轴粗壮，初时密被白色伏贴柔毛，叶落后变成无毛的刺状，宿存；小叶7~15，矩圆形，长4~18 mm，宽2~5 mm，先端钝，两面密被白色绢毛，总状花序具2~5花。总花梗短于叶，密被绢毛；苞片条状披针形，长3~5 mm，被毛；花萼筒状，长约12 mm，宽约4 mm，密生长柔毛，萼齿钻形，长约3 mm；花冠紫红色；荚果卵球形，长14~24 mm，宽8~12 mm，近无柄，膨胀成膀胱状，密被白色和黑色长柔毛。花期6—7月，果期7—8月。

　　生长于海拔2800~4200 m的荒漠区和荒漠草原区的干山坡草地、砾石山麓、石质和砾石质阳坡、沟谷石隙。在我国分布于青海、新疆、甘肃、内蒙古。蒙古国、俄罗斯、哈萨克斯坦也有分布。

　　生态地位：伴生种。

　　经济价值：可固沙。

镰形棘豆
Oxytropis falcata Bunge

属 棘豆属 Oxytropis DC.

科 豆科 Leguminosae

　　多年生草本，高10~25 cm，具腺体，有黏性，被伏生柔毛。茎短缩，丛生，基部密被宿存的残叶柄。奇数羽状复叶，长4~15 cm；托叶宽卵形，下半部与叶柄联合，先端渐尖或锐尖，被长柔毛和腺体；小叶20~45，对生或互生，少有4枚轮生，条状披针形或条形，长3~12 mm，宽1~2 mm。先端锐尖或钝，边缘内卷，被毛。总状花序近头状，密集6~10花；总花梗与叶近等长或长于叶；苞片卵形或卵状披针形，长6~12 mm，宽3~5 mm；花萼筒状，长10~12 mm，被黑色、褐色和白色长柔毛，萼齿长约2 mm；花冠蓝紫色；子房棒状，密被毛。荚果镰刀形弯曲，长2~3.5 cm，宽4~8 mm，近2室，开裂，有腺毛和柔毛；种子多数。花期5—7月，果期7—9月。

　　生长于海拔2700~4900 m的湖滨沙滩、河谷砾石地、山坡草地、河滩灌丛。在我国分布于青海、新疆、甘肃、四川、西藏。蒙古国也有分布。

　　生态地位：建群种、优势种、伴生种。

　　经济价值：果实和全草入药。

轮叶棘豆

Oxytropis chiliophylla Royle ex Benth.

多年生草本，高6~20 cm，具黏性和特异气味。根粗壮，木质化，径6~10 mm，直伸。茎缩短，丛生，基部覆盖枯萎的褐色叶柄和托叶。轮生羽状复叶长4~15 cm；托叶膜质，长圆状三角形，彼此于基部合生，分离部分长圆状三角形，密被白色长柔毛和腺点，先端中脉成硬尖；叶柄与叶轴疏被开展白色长柔毛和稀疏腺点；小叶10~24轮，通常每轮4片，有时3或6片，稀对生。线形、长圆形、椭圆形和卵形，长3~10 mm，宽2~3 mm，先端钝，基部圆，边缘内卷，两面疏被短柔毛和腺点或有时上面近无毛。花5~15组成疏总状花序；花葶直立，较叶长或有时较叶短，疏被卷曲柔毛和稀疏腺点；苞片绿色草质，卵形、卵状披针形或椭圆状披针形，长4~8 mm，先端尖或稍钝，边缘被白色和少量褐色长柔毛和黄色腺点；子房有少量柔毛和瘤状突起，含胚珠多数。荚果草质，线状长圆形，略呈镰状，长16~25 mm，宽3~6 mm，喙长2~3 mm，腹面多少具沟，较密被白色短柔毛和瘤状腺点，不完全2室。果梗短。花期5—7月，果期6—9月。

生长于海拔3000~5200 m的高原高山砾石质山坡、河谷阶地砾石地、沟谷山坡草地、宽谷河漫滩草地、高寒荒漠沙砾地、河湖盆地沙砾地、山麓冲积扇、河漫滩沙砾地。在我国分布于新疆、西藏。印度、阿富汗、巴基斯坦、吉尔吉斯斯坦、塔吉克斯坦也有分布。

生态地位：伴生种。

属 棘豆属 Oxytropis DC.

科 豆科 Leguminosae

玛沁棘豆
Oxytropis maqinensis Y. H. Wu

属	棘豆属	Oxytropis DC.
科	豆科	Leguminosae

多年生草本，高20~40 cm。主根褐色。茎直立，无沟槽，疏被白色和黑色短柔毛；奇数羽状复叶，长5~14 cm；叶柄长0.5~4 cm，与叶轴疏被毛；下部的托叶于中部合生，上部的托叶离生，卵状披针形或披针形，长9~12 mm，密被白色长柔毛；小叶15~23，卵状披针形或长圆形，长6~17 mm，宽2~5 mm，先端渐尖，基部圆形，两面疏被白色伏贴柔毛。总状花序密生多花；总花梗长10~16 mm，疏被白色或有时混生黑色柔毛，近花序处常密被黑色短柔毛；苞片披针形或卵状披针形，长6~11 mm，密被白色和褐色长柔毛，花萼筒状钟形，长约11 mm，宽约3.5 mm，密被白色长柔毛和褐色短柔毛，萼齿线形，长5~6 mm；花冠淡蓝紫色；荚果长圆形，长15~20 mm，宽约4 mm。喙长约1 mm，先端极尖，密被半开展白色和黑色柔毛；种子肾形，长2~3 mm，褐色。花期7—8月，果期8—9月。

生长于海拔3300~4500 m的高寒草甸、山坡砾地。在我国分布于青海、四川。

生态地位：伴生种。

苦马豆
Sphaerophysa salsula (Pall.) DC.

多年生草本或矮小半灌木，高20~70 cm，全株被伏贴灰白色
短柔毛。茎直，灰绿色，具纵条棱，分枝。奇数羽状复叶，长4~12
cm；托叶披针形，长2~3 mm；小叶13~21，对生，倒卵状椭圆形
或长圆形，长5~20 mm，宽3~10 mm，先端微凹或圆形，基部楔形
或近圆形，腹面灰绿色，无毛，背面被伏贴白色柔毛；小叶柄极短。
腋生总状花序长于叶，具数至10余花；花梗基部有1苞片，上端有2
小苞片；花萼钟状，萼齿5枚，三角形；花冠蓝紫色或朱红色，长约12 mm；花柱下弯，内侧具纵列髯毛，柱头
头状。荚果膜质，矩圆形，呈膀胱状，长1.5~3.5 cm，宽1~2.5 cm，有柄，含种子多数；种子肾状圆形，棕褐色。
花期6—7月，果期7—8月。

| 属 | 苦马豆属 | Sphaerophysa DC. |
| 科 | 豆科 | Leguminosae |

生长于海拔2000~3200 m的河谷滩地沙质土中。在我国分布于青海、新疆、甘肃、陕西、宁夏、山西、内蒙
古、河南、河北。蒙古国、俄罗斯、日本也有分布。

生态地位：伴生种。

经济价值：果实和全草入药。亦可供观赏或引入美化环境。

苦豆子
Sophora alopecuroides Linn.

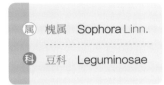

属 槐属	Sophora Linn.
科 豆科	Leguminosae

半灌木或小灌木，高30~80 cm。上部多分枝、呈帚状，全株密被灰白色伏贴绢毛。根直伸，细长，稍木质化，多侧根。奇数羽状复叶互生，长6~18 cm，具小叶15~25；小叶灰绿色，矩圆状披针形或椭圆形，先端圆形，基部近圆形或楔形，稍革质，长8~35 mm，宽4~13 mm，两面或有时仅背面密生平贴绢毛，托叶小，钻形，宿存。总状花序顶生，长10~15 cm，密生多花；花梗短于花萼；花萼钟状，长7~9 mm，密被伏贴绢毛，萼齿三角形；花冠乳黄色或鲜黄色，长为花萼的2~3倍；荚果念珠状，长3~9 cm，密被细短的伏贴绢毛，弯曲，不裂，含种子4~12枚；种子球卵形或近肾形，棕黄色，味极苦。花果期5—8月。

生长于海拔1700~2800 m的河谷草甸，田边等阳光充足、排水良好的石灰性土壤或沙质土上。在我国分布于青海、陕西、甘肃、新疆、西藏、内蒙古、河北、山西、河南。蒙古国、俄罗斯、巴基斯坦、伊朗、土耳其也有分布。

生态地位：伴生种。

经济价值：根茎、种子入药。

草原老鹳草
Geranium pratense Linn.

| 属 | 老鹳草属 | Geranium Linn. |
| 科 | 牻牛儿苗科 | Geraniaceae |

多年生草本，高 25~70 cm。根状茎短，被棕色鳞片状残存基生托叶，下部具多数肉质粗根。茎直立，向上分枝，下部被倒向伏毛及柔毛，上部混生腺毛。叶对生。肾状圆形，掌状 7 深裂几达基部，宽 3~8 cm，裂片菱状卵形，羽状分裂，小裂片具缺刻或大的齿牙，顶部叶常 3~5 深裂，两面均被稀疏伏毛，下面沿脉毛较密；基生叶具长柄，长达 15 cm，茎生叶柄较短；托叶披针形，渐尖，长约 1 cm，宽约 4 mm，淡棕色。聚伞花序生于小枝顶端，通常具 2 花；总花梗长 2~5 cm，与花梗均被短柔毛和密腺毛；花梗长 1~3 cm，果期向下弯；萼片卵形，具 3 脉，先端具短芒，密被短毛及开展腺毛，长约 8 mm；花瓣蓝紫色，倒卵形，长为萼片的 1~1.5 倍，基部有毛；花丝基部扩展，具缘毛；花柱合生部分长 5~7 mm，分枝部分长 2~3 mm。蒴果具短柔毛及腺毛，长 2~3 cm。花期 6—7 月，果期 7—9 月。

生长于海拔 2400~4000 m 的山沟林下、林缘灌丛、山麓草地、河滩草甸。在我国分布于西南、西北、华北和东北地区。欧洲、亚洲其他地区也有分布。

生态地位：伴生种。

甘青老鹳草

Geranium pylzowianum Maxim.

属	老鹳草属 Geranium Linn.
科	牻牛儿苗科 Geraniaceae

多年生草本，高8~35 cm。根状茎细长，节部膨大，呈串珠状。茎细弱，斜升，被倒向伏毛。叶互生，肾状圆形，长1~3.5 cm，宽1~4 cm，掌状5深裂达基部，裂片1~2次深裂，小裂片宽条形，全缘，宽2~3 mm，先端尖，被伏毛；基生叶具长柄，柄长达12 cm，被伏毛，茎生叶的叶柄向上渐变短。聚伞花序腋生和顶生，具2或4花；总花梗纤细，被倒向短柔毛，长可达12 cm；花梗长4~5 cm，在果期向下垂；萼片长圆状披针形，具3~5脉，长8~10 mm，先端有短芒尖，边缘膜质，与外面脉上均被疏毛；花瓣常紫红色，稀白色或粉红色，倒卵圆形，先端平截，长14~20 mm，基部爪状，腹面中部以下被毛；蒴果长约2 cm，被微毛。花期7—8月，果期8—9月。

生长于海拔2900~4600 m的高寒草甸、沟谷灌丛下、山坡林下、林缘草甸、滩地潮湿处。在我国分布于青海、甘肃、陕西、西藏、云南、四川。

生态地位：伴生种。

经济价值：地上部分入药。

毛蕊老鹳草
Geranium eriostemon Fisch. ex DC.

多年生草本，高20~60 cm。根状茎粗短，有肉质长粗根。茎单一或自基部分枝，被白硬毛或腺毛。叶互生，肾状五角形；基生叶宽5~12 cm，掌状5中裂或略深，裂片菱状卵形，边缘有浅裂或粗齿，具长达20 cm的叶柄；茎生叶3~5裂，具较短叶柄，叶腹面有长伏毛，背面脉上疏生长柔毛；托叶披针形，渐尖，淡棕色。聚伞花序，顶生，具4花；总花梗2~3，出自1对苞片腋间；花瓣蓝紫色，阔倒卵形或近圆形，长10~13 mm，基部被毛和短爪；花丝上部深紫色，下部扩大，具长毛；子房被长毛，花柱长4~5 mm，花柱分枝长约2 mm。蒴果带喙长2.5~3 cm，具开展的腺毛及柔毛。花期6—7月，果期6—9月。

生长于海拔1800~2900 m的沟谷林下、林缘灌丛、山麓湿润处、河滩草甸。在我国分布于西南、西北、华北、东北等地区。俄罗斯、蒙古国、朝鲜也有分布。

生态地位：伴生种。

经济价值：茎叶含鞣质，可提制栲胶。

（属）老鹳草属　Geranium Linn.

（科）牻牛儿苗科　Geraniaceae

牻牛儿苗

Erodium stephanianum Willd.

属	牻牛儿苗属	Erodium L.´ Her.
科	牻牛儿苗科	Geraniaceae

多年生草本，高15~45 cm。根圆柱状，细长。茎多分枝，被柔毛。叶对生，卵形、长卵形或椭圆状三角形，长3~7 cm，宽3~6 cm，二回羽状深裂，一回裂片3~7对，条形，基部下延至中脉；叶柄长3~7 cm，被长柔毛或近无毛；托叶条状披针形，被柔毛，边缘膜质，具缘毛。伞形花序腋生，总花梗长3~16 cm，被柔毛和倒向短柔毛，每梗具2~5花；花梗与总花梗相似，等于或稍长于花，花期直立，果期开展；萼片矩圆形，长约6 mm，宽约3 mm，先端钝，具长芒，背面被长毛，边缘膜质；花瓣淡紫色，倒卵形，较萼片稍短，先端钝圆；子房被灰色长硬毛。蒴果长约3 cm，顶端具长喙，成熟时5果瓣与中轴分离，喙呈螺旋状卷曲。花期6—7月，果期7—8月。

生长于海拔1700~3800 m的山坡草地、田边荒地、路旁、河滩疏林下草甸、渠岸沟缘。在我国分布于青海以及黄河流域以北。中亚各国以及阿富汗、尼泊尔、俄罗斯、蒙古国也有分布。

生态地位：伴生种。

经济价值：全草入药。

芹叶牻牛儿苗

Erodium cicutarium (L.) L.′ Her. ex Ait.

一年生或二年生草本，高10~20 cm。根为直根系，主根深长，侧根少。茎多数，直立、斜升或蔓生，被灰白色柔毛。叶对生或互生；托叶三角状披针形或卵形，干膜质、棕黄色，先端渐尖；基生叶具长柄，茎生叶具短柄或无柄，叶片矩圆形或披针形，长5~12 cm，宽2~5 cm，二回羽状深裂，裂片7~11对，具短柄或几无柄，小裂片短小，全缘或具1~2齿，两面被灰白色伏毛。伞形花序腋生，明显长于叶，总花梗被白色早落长腺毛，每梗通常具2~10花；花梗与总花梗相似，长为花的3~4倍，花期直立，果期下折；苞片多数，卵形或三角形，合生至中部；萼片卵形，长4~5 mm，宽2~3 mm，3~5脉，先端锐尖，被腺毛或具枯胶质糙长毛；蒴果长2~4 cm，被短伏毛。种子卵状矩圆形，长约3 mm，粗近1 mm。花期6—7月，果期7—10月。

生长于海拔2200~2300 m的草地和干河谷等处。在我国分布于青海、西藏、河北、山东、江苏。印度及欧洲、非洲也有分布。

生态地位：伴生种。

| 属 | 牻牛儿苗属 | Erodium L.′ Her. |
| 科 | 牻牛儿苗科 | Geraniaceae |

西伯利亚远志

Polygala sibirica Linn.

| 属 | 远志属 | Polygala Linn. |
| 科 | 远志科 | Polygalaceae |

多年生草本，高12~30 cm。根直立或斜生，木质或木质状的肉质，褐色或棕褐色，须根少数。茎丛生，直立或斜上升，被短柔毛。叶互生，厚纸质或亚革质，下部叶小，向上渐增大，条状披针形或近披针形，长1~2.5 cm，宽1.5~4 mm，先端渐尖，具软骨质小尖头，全缘，边缘稍外卷，基部楔形，两面被短毛，背面中脉明显，无柄或具短柄。总状花序腋生，或顶生，花序长3~8 cm，含少数花，排列稀疏，被短柔毛；花长5~8 mm，斜上升，具3~5 mm的花梗；子房扁球形，长约5 mm，先端微缺，花柱肥厚。花果期5—8月。

生长于海拔1800~4000 m的山坡林下、灌丛草地、河谷坡地、山坡路旁、沟谷草地。我国除华东以外，其他地区几乎都有分布。欧洲及俄罗斯、朝鲜、蒙古国、尼泊尔、印度也有分布。

生态地位：伴生种。

经济价值：根入药。

地锦草

Euphorbia humifusa Willd.

属	大戟属	Euphorbia Linn.
科	大戟科	Euphorbiaceae

一年生草本。茎带红色，纤细，平卧，多假二叉分枝，无毛或疏生柔毛。叶对生，倒卵形、狭倒卵形至近长椭圆形，长3.5~9 mm，宽2~4.5 mm，先端钝圆并具细齿，基部偏斜，具短柄，无毛或背面疏生柔毛；托叶钻形，通常2裂。杯状花序组成聚伞花序，顶生和腋生，有时单生于叶腋；苞叶2，与叶同形；总苞杯状，5裂，裂片长约0.6 mm，先端通常2裂，无毛，腺体4，横椭圆形，长约0.3 mm，具花瓣状附属物；雄花7，雌花1，子房卵球形，无毛；花柱3，先端2裂；花梗下具苞片5，膜质，线形，无毛。蒴果三棱状球形，长约1.5 mm，无毛；种子卵球形，微具3棱，长约1 mm，光滑无毛，无种阜。花果期6—8月。

生长于海拔1900~3250 m的草原干山坡、河滩芨芨草丛、田边。在我国分布于大部分省区。俄罗斯、日本、朝鲜也有分布。

生态地位：伴生种。

经济价值：全草入药。

冬葵

Malva verticillata Linn.

属	锦葵属	Malva Linn.
科	锦葵科	Malvaceae

一年生草本，高（3）10~70 cm。茎直立，被星状长柔毛，有时混生单毛。茎下部托叶长圆形，向上渐呈披针形，长4~8 mm；叶柄长（3）4~10（13）cm，上面沟槽内被密或疏的棉毛，下面被星状毛和长硬毛或无毛；叶片肾形至圆形，基部心形，掌状5裂，裂片圆形、卵圆形或卵状三角形，长（1）2~6 cm，下面被单毛，混生星状毛，上面被毛较疏或无毛。花多数簇生于叶腋，无梗或近无柄，有时果期伸长达2 cm；小苞片3，线状披针形，长4~6 mm，边缘被长柔毛；花萼杯状，长5~7，5裂至1/2，裂片广三角形至卵状披针形，密被星状长硬毛，有时混生叉状毛和单毛；花冠淡紫红色或近白色，花瓣片5，倒卵形至宽倒卵形。种子形如分果瓣，直径1.2~1.5 mm，黄褐色至黑褐色，光滑。花果期6—9月。

生长于海拔1800~4200 m的田边荒地、村旁路边、河滩渠岸。在我国分布于青海、吉林、内蒙古、四川、云南、新疆。朝鲜、印度、缅甸、埃及、埃塞俄比亚及欧洲也有分布。

生态地位：伴生种。

经济价值：种子入药。

狼毒
Stellera chamaejasme Linn.

多年生草本，茎直立，丛生，高14~30 cm。根粗大，圆锥形，木质，棕褐色。叶片披针形或矩圆状披针形，长1.4~2 cm，宽3~4 mm，先端锐尖或钝尖，基部圆形或宽楔形，全缘，无毛；叶柄长仅1 mm。头状花序顶生；花萼筒长1~1.2 cm，先端5裂，裂片卵形，长约3 mm；雄蕊10，2轮，花丝着生在花花筒中上部及喉部，花药细长，花丝极短；子房长卵形，顶端或全部被疏短刚毛；花盘鳞片，条形，淡紫色或灰白色；花柱短，柱头头状。果卵形，包于宿存花萼筒中，黑褐色。花期6—8月，果期7—9月。

生长于海拔2800~4200 m的河谷阶地、山坡草地、宽谷滩地、田边荒地、渠岸道旁。在我国分布于西北、西南、华北、东北地区。朝鲜、蒙古国、俄罗斯也有分布。

生态地位：建群种、优势种、伴生种。

经济价值：根入药，有毒。根与茎可做造纸原料。

| 属 | 狼毒属 | Stellera Linn. |
| 科 | 瑞香科 | Thymelaeaceae |

裂叶独活

Heracleum millefolium Diels

（属）独活属　Heracleum Linn.

（科）伞形科　Umbelliferae

多年生草本，高5~30 cm，有柔毛。根长约20 cm，棕褐色；茎部被有褐色枯萎叶鞘纤维。茎直立，分枝，下部叶有柄，叶柄长1.5~9 cm；叶片轮廓为披针形，长2.5~16 cm，宽达2.5 cm，三至四回羽状分裂，末回裂片线形或披针形，长0.5~1 cm，先端锐尖；茎生叶逐渐短缩。复伞形花序顶生和侧生，花序梗长20~25 cm；总苞片4~5，披针形，长5~7 mm；伞辐7~8，不等长；小总苞片线形，有毛；花白色；萼齿细小。果实椭圆形，背部极扁，长5~6 mm，宽约4 mm，有柔毛，背棱较细；每棱槽内有油管1，合生面油管2，其长度为分生果长度的一半或略超过。花期6—8月，果期9—10月。

生长于海拔2700~5000 m的高寒草甸、高寒草原、阴坡灌丛、沟谷林下、河滩湿沙地、山坡岩隙。在我国分布于青海、甘肃、西藏、云南、四川。

生态地位：建群种、优势种、伴生种。

经济价值：全草入药。

大苞点地梅

Androsace maxima Linn.

属	点地梅属	Androsace Linn.
科	报春花科	Primulaceae

　　一或二年生草本。主根细长，具少数支根。莲座状叶丛单生；叶片狭椭圆形、倒卵状长圆形或倒披针形，长约 1.5 cm，宽 3~5 mm，先端稍钝，中下部边缘全缘，上部有钝齿，基部渐窄无叶柄，两面被长柔毛，质地较厚。花葶 5~8 枚自叶丛中抽出，被白色卷曲柔毛和短腺毛；伞形花序顶生，多花，密集呈头形；苞片大，椭圆形或倒卵状长圆形，长 5~8（15）mm，宽约 3 mm，先端钝或微尖，两面被白色柔毛；花梗直立，长 1~1.5 cm；花萼钟状，长 3~4 mm，果期增大，长 5~10 mm，分裂可达花萼全长的 2/5，裂片长圆形或三角形，被稀疏柔毛和短腺毛，质地稍厚。蒴果球形，为宿存的花萼所包。花果期 5—8 月。

　　生长于海拔 2200~4020 m 的山前冲积滩、沙砾质干滩。在我国分布于青海、甘肃、新疆、陕西、宁夏、山西、内蒙古。欧洲、非洲也有分布。

　　生态地位：伴生种。

西藏点地梅

Androsace mariae Kanitz

| 属 | 点地梅属 | Androsace Linn. |
| 科 | 报春花科 | Primulaceae |

多年生草本。主根木质，具少数支根。根出条短或长，使莲座叶丛间的间距短或长，形成3疏丛或密丛，在高海拔地区，在莲座丛上生出1~2层根出短枝，使莲座丛紧密叠生，下面的死亡，残留有枯死莲座；叶两型，外层叶舌形或匙形，长3~5 mm，先端尖，边缘稍显软骨质，两面无毛，边缘具白色缘毛；内层叶倒披针形或狭长圆形，长1~4 cm，无端急尖而具骤尖头，基部渐窄，边缘具软骨质，两面无毛，背面被腺体或表面被白色长柔毛，背面被白色长柔毛和腺体，边缘具缘毛。伞形花序4~10花；苞片披针形，长约5 mm，与花梗和花萼同具白色多细胞长柔毛，先端钝尖，基部微呈囊状；花冠红色或白色，冠檐直径6~10 mm，裂片倒卵形，全缘。蒴果球形，稍长于宿存花萼。花果期5—7月。

生长于海拔2100~4500 m的山坡草地、灌丛、高寒草甸、沟谷林缘。在我国分布于青海、甘肃、西藏、四川、内蒙古。

生态地位：伴生种。

玛多补血草
Limonium aureum (Linn.) Hill. var. maduoensis Y. C. Yang et Y. H. Wu

多年生草本，高10~20 cm，全株（除萼外）无毛。茎基被残存叶柄和红褐色芽鳞。叶基生，匙形或倒披针形，长2~6 cm，宽5~15 mm，先端圆形或急尖，基部渐窄成柄。花序轴多数，灰绿色，从下部做数回叉状分枝，下部的多数分枝，节间短，多为不育枝，分枝多少有疣状突起；穗状花序生于上部分枝顶端，花序轴花葶状；叉状分枝集中顶部，形成多花的圆球状头状花序，多数头状花序簇集成顶生伞房花序；萼檐波状，无芒尖。外苞宽卵形，长2~3 mm，先端钝或圆形，边缘膜质；萼漏斗状，长约7 mm，5裂，裂片正三角形，长约2 mm，萼檐波状，无芒尖，萼筒近管状；花冠橙黄色或橙红色。花期7—8月。

生长于海拔4150 m左右的沟谷山地、高寒草原、盐碱化土壤。在我国分布于青海。

生态地位：伴生种。

属　补血草属　Limonium Mill.

科　白花丹科　Plumbaginaceae

抱茎獐牙菜

Swertia franchetiana H. Smith

属	獐牙菜属 Swertia Linn.
科	龙胆科 Gentianaceae

一年生草本，高10~45 cm，茎直立，从基部起分枝，四棱形，基部常紫色。叶对生；基生叶早落；茎生叶无柄，披针形或卵状披针形，长11~35 mm，宽至7 mm，向上渐小，先端渐尖，基部耳形，半抱茎，并向茎下延成狭翅。圆锥状复聚伞花序几乎占据了整个植株；花梗四棱形，长至4 cm；花5数，大小不等；花萼长6~12 mm，裂片狭披针形至线形，先端渐尖；花冠淡蓝灰色，长7~15 mm，裂片卵状披针形至披针形，先端渐尖，具芒尖，基部具2个腺窝，腺窝圆形，边缘具长柔毛状流苏；花丝线形，花药蓝色；子房狭椭圆形。蒴果长于花冠；种子多数，近圆形，表面具细网纹。花果期8—9月。

生长于海拔2300~3800 m的林缘、山坡草地、河滩。在我国分布于青海、甘肃、西藏、四川。

生态地位：伴生种。

经济价值：全草入药。

唐古特青兰

Dracocephalum tanguticum Maxim.

属　青兰属　Dracocephalum Linn.

科　唇形科　Labiatae

多年生草本，有臭味。茎直立，高35~55 cm，钝四棱形，上部被倒向短毛，中部以下几无毛，在叶腋中生有短的不育枝。叶具柄，长3~8 mm；叶片轮廓为椭圆状卵形或椭圆形，基部宽楔形，羽状全裂，裂片2~3对，与中脉成钝角斜展，顶生裂片长14~28（~44）mm，上面无毛，下面密被灰白色短柔毛，边缘全缘，内卷。轮伞花序生于茎顶部5~9节上，通常具4~6花，形成间断的穗状；苞片似叶，极小，只有一对裂片，两面被短毛及睫毛，长约为萼片的1/2~1/3；花萼长1~1.4 cm，外面中部以下密被伸展的短毛及金黄色腺点，常带紫色，2裂至1/3处，齿被睫毛，先端锐尖，上唇3裂至本身2/3稍下处，中齿与侧齿近等大，均为宽披针形，下唇2裂至本身基部，齿披针形；花冠紫蓝色至暗紫色，长2~2.7 cm，外面被短毛，下唇长为上唇的2倍；雄蕊花丝被短毛。花期6—8月，果期8—9月。

生长于海拔2400~4300 m的阳坡草地、田埂荒地、阴坡林下、灌丛河谷阶地。在我国分布于青海、甘肃、西藏、四川。

生态地位：伴生种。

经济价值：全草入药。

马尿泡

Przewalskia tangutica Maxim.

属	马尿泡属	Przewalskia Maxim.
科	茄科	Solanaceae

全体生腺毛；根粗壮，肉质；根茎短缩，有多数休眠芽。茎高4~30 cm，常至少部分埋于地下。叶生于茎下部者鳞片状，常埋于地下，生于茎顶端者密集生，铲形、长椭圆状卵形至长椭圆状倒卵形，通常连叶柄长10~15 cm，宽3~4 cm，顶端圆钝，基部渐狭，边缘全缘或微波状，有短缘毛，下上两面幼时有腺毛，后来渐脱落而近秃净。总花梗腋生，长2~3 mm，有1~3朵花；花梗长约5 mm，被短腺毛。花萼筒状钟形，长约14 mm，径约5 mm，外面密生短腺毛，萼齿圆钝，生腺质缘毛；花冠檐部黄色，筒部紫色，筒状漏斗形，长约25 mm，外面生短腺毛，檐部5浅裂，裂片卵形，长约4 mm；种子黑褐色，长3 mm，宽约2.5 mm。花期6—7月。

生长于海拔3200~5100 m的砾石山坡、河谷滩地、河岸阶地、阳坡砾地、高寒草甸多石裸地、废弃畜圈、山麓沟沿。在我国分布于青海、甘肃、西藏、四川。

生态地位：伴生种。

经济价值：根及种子入药。

天仙子

Hyoscyamus niger Linn.

属	天仙子属	Hyoscyamus Linn.
科	茄科	Solanaceae

　　二年生草本，高达1 m，全体被黏性腺毛。根较粗壮，肉质而后变纤维质。茎生叶卵形或三角状卵形，顶端钝或渐尖，无叶柄而基部半抱茎或宽楔形，边缘羽状浅裂或深裂，向茎顶端的叶呈浅波状，裂片多为三角形，顶端钝或锐尖，长4~10 cm，宽2~6 cm。花在茎中部以下单生于叶腋，在茎上端则单生于苞状叶腋内而聚集成蝎尾式总状花序。蒴果包藏于宿存萼内，长卵圆状；种子近圆盘形，直径约1 mm，淡黄棕色。夏季开花、结果。

　　生长于海拔1900~3600 m的撂荒地、田边地头、村庄附近、林缘山坡。在我国分布于青海、甘肃、新疆、宁夏、陕西、西藏、云南、四川、贵州、山西、河北、内蒙古。欧洲、中亚各国及印度、蒙古国也有分布。

　　生态地位：伴生种。

　　经济价值：根、叶、种子可入药。

蒙古芯芭

Cymbaria mongolica Maxim.

属 芯芭属 Cymbaria

科 玄参科 Scrophulariaceae

多年生草本，高6~19 cm。茎簇生，多少被毛。叶无柄，线状披针形至狭线形，长5~37 mm，宽至6 mm，先端急渐尖，具小尖头或否，全缘，两面多少被毛。花腋生，1~6朵；小苞片2枚，线形，有时基部有1~2大齿；花梗长不过1 mm；花萼钟形，筒部长4~9 mm，被毛及腺毛，裂片5~6，三角状线形，长5~24 mm，有时大齿间还有1~3枚小齿；花冠黄色，筒部长1.5~2.4 cm，上唇宽三角状圆形，兜状，先端浅2裂，外面被长柔毛及头状腺毛，内面具2列长柔毛，下唇侧裂长圆形，中裂片三角状扇形；花柱光滑。蒴果长约11 mm；种子长约4 mm，周边具狭翅，表面具网纹。花期5—6月，果期6—9月。

生长于海拔1800~3200 m的干旱山坡、滩地草原、田埂路边。在我国分布于青海、甘肃、陕西、山西、河北、内蒙古。

生态地位：伴生种。

密花角蒿

Incarvillea compacta Maxim.

多年生草本，高2~35 cm。根粗壮。叶1回羽状复叶，聚生于茎基部，顶生小叶远大于侧生小叶，有时稍大或稍小，卵圆形，或狭披针形，长1.2~3.4 cm，宽0.5~3 cm，全缘；侧生小叶2~6对，卵形，长1.5~3 cm，宽0.8~1.2 cm，顶端渐尖，基部圆形。总状花序密集，聚生于茎顶端，苞片三角形或线形，无柄；花萼钟状，长1~1.5 cm，萼齿三角形；花冠紫红色，筒部具深紫色斑点，长3.5~4.5 cm，裂片圆形，顶端微凹，退化雄蕊呈突起状。蒴果长披针形，木质，稍具四棱，长约11 cm，宽厚约1 cm；种子扁平，两面具翅，上面密被鳞片，下面光滑。花果期6—9月。

生长于海拔2400~4600 m的山前冲积扇、干旱阳坡砾地、河谷阶地、沙砾河滩、高寒草原裸地、高寒草甸、河岸石缝、山麓砾石隙。在我国分布于青海、甘肃、西藏、云南、四川。

生态地位：优势种、伴生种。

经济价值：花、根和种子入药。

属 角蒿属 Incarvillea Juss.

科 紫葳科 Bignoniaceae

异叶败酱

Patrinia heterophylla Bunge

属	败酱属	Patrinia Juss.
科	败酱科	Valerianaceae

多年生草本，高21~35 cm，全株均被短糙毛。具横走的根状茎。基生叶丛生，长3~7 cm，羽状分裂，裂片线状披针形；茎生叶对生，长2.5~6.5 cm，羽状分裂，裂片卵形或卵状披针形，边缘具不同程度的分裂。花黄色，小，组成顶生伞房状聚伞花序；总花梗下苞叶具1~2对线形裂片，分枝下的不裂，线形，略长于花序；花萼长约1 mm，萼齿5，极不明显；花冠钟形，冠筒基部一侧具浅囊，裂片5，卵圆形或卵状长圆形，长1~2 mm；瘦果倒卵形，具干膜质翅状果苞，直径约5 mm，全缘或有浅裂，网状脉常具2主脉。花果期7—8月。

生长于海拔1650~2300 m的干山坡草地、林缘灌丛、河谷滩地、田边渠岸。在我国分布于青海、甘肃、宁夏、陕西、辽宁、山西、河北、内蒙古、浙江、安徽、山东、河南。

生态地位：伴生种。

藏蓟

Cirsium lanatum (Roxb. ex Willd.) Spreng.

属　蓟属　Cirsium Mill.
科　菊科　Compositae

　　一年生草本，高 20~50 cm。茎直立，于上部分枝或不分枝，被密集的蛛丝状柔毛而呈灰白色。叶长椭圆形、倒披针形或倒披针状椭圆形，上面绿色，无毛，下面灰白色，密被茸毛，或两面密被茸毛而呈灰白色，长2~16 cm，宽 0.5~6 cm，茎下部叶大而向上渐小，羽状浅裂至深裂，顶裂片三角形至半圆形，顶端有长针刺，侧裂片半圆形、半椭圆形或宽卵形，中部裂片较大，上下裂片渐小，叶缘具刺齿和缘毛状针刺，齿端针刺较长，有时3~5 个针刺成束；叶基渐狭，无柄或具短柄。头状花序 3~8 枚，常在茎枝顶端排列成伞房状，稀单 1；瘦果倒卵形，长约 4 mm。冠毛污白色至淡褐色，长2.5 cm。花果期 6—9 月。

　　生长于海拔 1800~3650 m 的沟谷山坡、河湖岸边和水渠边、河滩湿地、村舍宅旁、农田荒地、田埂渠岸、水沟路边、沟谷山地高寒灌丛草甸、河滩疏林草甸。在我国分布于青海、甘肃、新疆、西藏。印度也有分布。

　　生态地位：伴生种。

草甸雪兔子

Saussurea thoroldii Hemsl.

属 风毛菊属 Saussurea DC.

科 菊科 Compositae

多年生无茎草本，一次结实，全株无毛。根倒圆锥状，肉质；根状茎粗，密被纤维状撕裂的褐色残存枯叶柄。叶莲座状，全部基生，叶片狭披针形或线形，长1.5~7 cm，宽2~6 mm，两面绿色，先端急尖，基部扩大为短而宽的叶柄，羽状深裂至全裂，稀浅裂；顶裂片细长，长戟形或长三角形，侧裂片长椭圆形、长三角形或线形，下弯，少平展，顶端有刺状小尖，全缘或边缘有少量锯齿。头状花序多数，在莲座状叶丛中密集排列呈半球形。总苞圆柱状，宽3~4 mm；瘦果长3 mm，平滑无毛，顶端截形，具短的膜质小冠；冠毛褐色，外层长3 mm，内层长7~9 mm。花果期7—9月。

生长于海拔3150~4750 m的河滩湿沙地、沟谷草甸、沙丘河谷及湖滨沼泽草甸、高寒草甸。在我国分布于青海、新疆、甘肃、西藏。

生态地位：优势种、伴生种。

顶羽菊
Acroptilon repens (Linn.) DC.

多年生草本，高20~70 cm。根粗壮，横走或斜伸。茎直立、单一或少数，从基部分枝，分枝多，斜升，有纵棱槽，密被蛛丝状柔毛。叶稍坚硬，两面灰绿色，被稀疏的蛛丝状柔毛，后渐脱落近无毛，无柄，长椭圆形、匙形或线形，长2~5 cm，宽6~12 mm，顶端圆钝、渐尖或急剧尖，全缘或具不明显的细锐齿，或羽状半裂，裂片三角形或斜三角形。头状花序多数，排列成伞房状或伞房圆锥状。瘦果倒长卵形，压扁，长约4 mm，淡白色；冠毛白色，长达1.2 cm。花果期6—8月。

生长于海拔1800~3000 m的荒漠草原、河谷阶地、农田边、干山坡沙地、撂荒地。在我国分布于西北、华北。欧洲、中亚各国及蒙古国、伊朗也有分布。

生态地位：伴生种。

经济价值：地上部分入药。

属 顶羽菊属 Acroptilon Cass.

科 菊科 Compositae

青海鳍蓟
Olgaea tangutica Iljin

| 属 | 蝟菊属 Olgaea |
| 科 | 菊科 Compositae |

多年生草本，高40~60 cm。茎直立，具茎翅，翅缘有尖刺，一面密被白色茸毛，一面光滑，有光泽，上部具长分枝，基部密被枯叶柄纤维。叶线形或线状椭圆形，长5~20 cm，宽1~2.5 cm，先端渐尖，有刺尖，侧裂片不整齐，三角形，边缘具2~3刺齿及小刺，基部渐狭成柄；中上部叶无柄，基部下延成茎翅，上面光滑，下面密被白色茸毛。头状花序单生枝顶；总苞宽钟形，长2.5~3 cm，宽2.5~4 cm。总苞片多层，线形或线状披针形，先端针刺状，不等长；小花蓝紫色，管状，长2.5~2.8 cm。瘦果光滑，有斑点；冠毛多层，浅褐色，糙毛状，不等长，向内层渐长，与花冠管部等长。花果期7—9月。

生长于海拔1900~2700 m的山坡、山坡灌丛下、田边。在我国分布于青海、甘肃、陕西、河北、山西、内蒙古。

生态地位：伴生种。

圆齿狗娃花

Aster crenatifolius (Hand.-Mazz.) Griers.

一年生草本，有直根。茎直立，单生，高10~50 cm，上部或从下部起有分枝，多少密生开展的长毛，上部常有腺点。基部叶在花期枯萎，莲座状；下部叶长圆形或线状长圆形，长2~6 cm，宽5~8 mm，顶端钝或近圆形，全缘；中部叶较小，基部稍狭或近圆形，无柄；上部叶小，常条形；全部叶两面被伏粗毛，且常有腺体，中脉在下面凸起处有时被较长的毛。头状花序单生枝顶；总苞半球形，直径1~1.5 cm；瘦果倒卵形，长2~2.8 mm，稍扁，淡褐色，有黑色条纹，被稀疏毛，上部有腺体。花果期8—9月。

生长于海拔2230~4300 m的沙砾河滩、干旱高寒草原裸地、田埂路边、山坡草地。在我国分布于青海、甘肃、西藏、云南、四川。

生态地位：伴生种。

属　狗娃花属　Heteropappus Less.

科　菊科　Compositae

蕴苞麻花头
Serratula strangulate Iljin

属　麻花头属　Serratula Linn.

科　菊科　Compositae

多年生草本，高40~80 cm。根状茎细长。茎直立，不分枝或分枝，基部被枯叶柄纤维。基生叶与茎下部叶椭圆形或倒披针形，长6.5~20 cm，宽1.2~6 cm，羽状浅裂至深裂，或具羽状大齿，裂片长圆形。披针形或三角形，长达2.5 cm，宽0.4~1 cm，全缘或边缘有齿；中部叶渐小，羽状浅裂或全缘；最上部常无叶；头状花序单生茎和枝端；总苞半球形，长5~15 mm，宽至6 cm，先端急尖被茸毛，有小刺尖，内层线状披针形，长至2.5 cm，先端渐尖；小花管状，紫红色，长2~2.5 cm。瘦果扁压，有肋；冠毛褐色，多层，不等长，长约7 mm。花果期7—8月。

生长于海拔2230~3200 m的田林路边、宅旁荒地、河滩疏林缘、水渠沟边。在我国分布于青海、甘肃、陕西、四川、山西、河北。

生态地位：伴生种。

帚状鸦葱

Scorzonera pseudodivaricata Lipsch.

多年生草本，高7~50 cm。根垂直直伸，圆柱形；根茎部被淡黄白色至棕褐色的枯叶柄或残存纤维。茎多数且分枝，丛生呈帚状，具沟棱，被纤小的短茸毛至无毛。叶互生或另有对生的叶序，顶端渐尖或长渐尖，有时钩状弯曲，两面被白色短柔毛至无毛；基生叶倒披针状条形，长6~17 cm，宽2~2.5 cm，基部鞘状，腋部有茸毛，具清楚的3条脉；茎生叶与基生叶同形但较短，长1~5 cm，宽0.5~5 mm，基部渐窄，无柄或无明显的叶柄；上部茎生叶渐短，几呈针刺状或鳞片状。头状花序多数，单生于茎枝顶端；总苞圆柱状，长10~15 mm，宽5~7 mm；花期6—7月。

生长于海拔2100~3300 m的河岸沙砾地、河谷滩地、疏林田埂、干旱山坡草地、山前滩地、荒漠草原、宽谷沙砾河滩、河谷阶地。在我国分布于青海、甘肃、新疆、宁夏、陕西、山西、内蒙古。中亚各国及蒙古国也有分布。

生态地位：伴生种。

属　鸦葱属　Scorzonera Linn.

科　菊科　Compositae

紫花针茅

Stipa purpurea Griseb.

(属)	针茅树	Stipa Linn.
(科)	禾本科	Gramineae

多年生密丛生草本。须根稠密而坚韧。秆直立，细瘦，高20~40 cm，基部宿存枯叶鞘。叶鞘平滑无毛，长于节间；基生叶舌顶端钝，长约1 mm，秆生叶舌披针形，长3~6 mm，两侧下延与叶鞘边缘结合，均具极短的缘毛；叶片纵卷呈线形针状，下面微粗糙，秆生者长3.5~6 cm，基生叶长为秆高的1/2。圆锥花序简化为总状花序，基部常包藏于叶鞘内，长可达15 cm，成熟后伸出鞘外；分枝常单生，基部有孕生，有时蜿蜒状；小穗通常呈紫色；两颖近等长，披针形，暗紫色，顶端长渐尖，具细长透明的顶端，长13~18 cm，具3脉或不明显的5脉；外稃背部遍生细毛，顶端与芒相接处具关节，长8~10 mm，基盘尖锐，密被柔毛，花药顶端裸露。颖果长约6 mm。花果期7—9月。

生长于海拔2700~4700 m的高山草甸、高寒草原、山前洪积扇、河谷阶地、沙砾干山坡及河滩沙地。在我国分布于青海、新疆、甘肃、西藏、四川。中亚地区也有分布。

生态地位：特征种、建群种、优势种。

经济价值：可做优质牧草。

青藏薹草

Carex moorcroftii Falc. ex Boott

多年生草本。根状茎长而粗壮，具匍匐茎；秆直立，高10~25 cm，三棱形，微粗糙，基部具栗褐色撕裂呈纤维状的老叶鞘。叶短于秆，扁平，宽2~4 mm，质地坚硬，边缘粗糙。苞片刚毛状，短于小穗，无苞鞘；小穗4~5枚，排列紧密，有的最下部的一枚小穗疏离；顶生小穗雄性，1枚，长圆形或圆柱形，长1~2 cm，侧生小穗雌性，卵形或长圆形，长0.8~1.8 cm，基部小穗具短柄，其余无柄；果囊椭圆状倒卵形或椭圆形，三棱形，等长或稍短于鳞片，黄绿色，革质，平滑，脉不明显，先端急缩成短喙，喙口具微小的2齿。小坚果倒卵形，有3棱，长2~2.3 mm；柱头3个。花果期6—8月。

属　薹草属　Carex Linn.

科　莎草科　Cyperaceae

生长于海拔2000~5200 m的高寒草原沙砾地、高山草甸、高寒沼泽草甸、高山灌丛草甸、阴坡潮湿处、河谷阶地、河岸溪边湿沙草地。在我国分布于青海、甘肃、新疆、西藏、四川、内蒙古。印度也有分布。

生态地位：特征种、建群种、优势种。

经济价值：可做优质牧草。

青甘韭

Allium przewalskianum Regel

(属)	葱属 **Allium** Linn.
(科)	百合科 Liliaceae

多年生草本。高8~20 cm。鳞茎数枚丛生，卵状圆柱形，鳞茎外皮红色或有时红褐色，破裂呈纤维状，呈清晰的网状，常紧密地包围鳞茎。叶半圆柱形或圆柱形，中空，具4~5纵棱，通常短于花葶，直径1~1.5 mm。花葶圆柱形，下部被叶鞘；伞形花序球形或半球形，具多而稍密集的花；总苞膜质，单侧开裂，具与裂片等长的喙，宿存；花梗等长，长约2 cm，基部通常无小苞片；花淡紫红色或紫红色；花被片卵形、长圆形或长圆状披针形，长4~6 mm，宽1.5~2.5 mm，两轮近等长，先端钝；花丝等长，伸出花被外，蕾期花丝是反折的，待开放时花丝才伸直，长7~9 mm，子房球形，基部无蜜腺，花柱与花丝近等长，花后期伸出花被外。花果期6—9月。

生长于海拔2200~4300 m的高山流石坡、阳坡石缝、河谷石崖、高寒草甸裸地、高寒草原、山坡田边、沟谷林缘、阴坡灌丛。在我国分布于青海、甘肃、新疆、宁夏、陕西、西藏、云南、四川。印度、尼泊尔也有分布。

生态地位：建群种、优势种、伴生种。

经济价值：全株可代韭菜食用。

山丹

Lilium pumilum DC.

属　百合属　Lilium Linn.

科　百合科　Liliaceae

多年生草本。鳞茎卵形或圆锥形，高2~3 cm，直径1~2 cm；鳞片长圆形或长卵形，白色。茎直立，高25~35 cm，有乳突及紫色条纹。叶多枚散生于茎中部，条形，长3~7 cm，宽1.5~3 mm，中脉下面突出，先端尖，边缘有细乳突；无叶柄。花单生或数朵排成总状花序，鲜红色，通常无斑点，下垂；花梗长3~4.5 cm，下具叶状苞片，长1.5~2.5 cm；花被片向外反卷，长3~4 cm，宽6~10 mm，长圆形或长圆状披针形，蜜腺两边有乳突；雄蕊6，花丝下部白色，长1.5~2 cm，花药橘红色，长圆形，长5~10 mm；子房圆柱形，长约1 cm，花柱细，长约1.3 cm，柱头膨大，3裂。蒴果长圆形。花期7月。

生长于海拔1900~3500 m的干旱山坡、山坡灌丛、林缘、田边荒地。在我国分布于青海、甘肃、宁夏、陕西、四川。俄罗斯、蒙古国、朝鲜也有分布。

生态地位：伴生种。

经济价值：鳞茎含淀粉，可供食用。鳞茎入药。花色美丽，可供观赏。

唐古韭
Allium tanguticum Regel

| 属 | 葱属 | Allium Linn. |
| 科 | 百合科 | Liliaceae |

多年生草本，高达40 cm。鳞茎单生，卵形，直径1~2 cm；鳞茎外皮灰褐色，纸质，不裂或老时顶端常条裂呈纤维状。叶扁平，下部具长叶鞘，较花葶短，宽约2 mm，脉上粗糙。花葶圆柱形，直径2~4 mm，下部被叶鞘；伞形花序近球形，具多数而密集的花；总苞淡蓝色，膜质，2裂，较花序短，宿存；花梗近等长，长达1.5 cm，基部具小苞片；花紫红色；花被片卵状披针形或狭披针形，长4~5 mm，具明显的红色中脉，先端渐尖；花丝等长，紫红色，长为花被片的1~1.5倍，伸出花被外，基部合生并与花被片贴生，内轮者基部扩大，明显较外轮者基部宽；子房近球形，基部具蜜腺，花柱长于花被片，外露，柱头头状。花果期6—9月。

生长于海拔2400~3500 m的山地阳坡、沟谷山地高寒灌丛、山崖石隙、山坡林下、河谷山坡阔叶林缘草地、河谷滩地、固定沙丘、田边荒地、土崖石堆中。在我国分布于青海、甘肃、西藏。

生态地位：伴生种。

经济价值：全株可代蒜食用。

兔狲
Otocolobus manul Pallas, 1776

属 兔狲属 Otocolobus

科 猫科 Felidae

大小似家猫。额部较宽，耳短而圆钝，两耳间距较大，全身被毛长而柔软，腹毛比背毛长约1倍，绒毛厚密。颊部具2条黑色细纹，体背呈棕灰色或沙黄色，腹部白色，尾具6~8条黑色环纹。

栖息于荒漠、半荒漠或戈壁沙漠地带，也在林中生活。在岩缝或石洞中筑巢。独栖，夜行性，晨昏活动频繁。主要以鼠类为食，也吃野兔、鸟及鸟卵、蜥蜴和无脊椎动物等。多在春季发情，孕期约3个月，每胎产3~4崽。

在我国分布于内蒙古、陕西、宁夏、新疆、青海、西藏、四川。国外分布于阿富汗、阿塞拜疆、不丹、印度、伊朗、哈萨克斯坦、蒙古国、尼泊尔、巴基斯坦、俄罗斯。数量稀少。

- 《国家重点保护野生动物名录》：Ⅱ级
- 《中国物种红色名录》：濒危(EN)
- 《世界自然保护联盟濒危物种红色名录》（IUCN）：无危(LC)
- 《濒危野生动植物种国际贸易公约》（CITES）：附录Ⅱ

雪豹

Panthera uncia Schreber, 1775

| 属 | 豹属 Panthera |
| 科 | 猫科 Felidae |

形似金钱豹而略小。身体细长，头小而圆，四肢较短，尾粗长且尾毛蓬松。体被毛长而密，呈灰白色，遍布不规则黑色斑点和环斑。

典型的高寒种类，栖息于海拔3000 m以上的高山草甸、灌丛及针叶林区，常在雪线附近空旷多岩地带活动。巢穴设在高山岩洞中，巢区比较固定。雌雄同栖。夜行性，晨昏较活跃。性情凶猛，善奔跑和跳跃。主要以北山羊、岩羊、盘羊、高原兔等中、小型食草动物为食，也捕食高原雉类及小型啮齿类动物，有时到居民点捕食家畜。冬末春初发情交配，孕期约3个月，每胎产1~3崽。

青藏高原和中亚高寒山区特产动物，在我国主要分布于新疆、内蒙古、青海、甘肃、西藏、四川、云南。国外分布于阿富汗、不丹、印度、哈萨克斯坦、吉尔吉斯斯坦、蒙古国、尼泊尔、巴基斯坦、俄罗斯、塔吉克斯坦、乌兹别克斯坦。数量稀少。

- 《国家重点保护野生动物名录》：Ⅰ级
- 《中国物种红色名录》：濒危(EN)
- 《世界自然保护联盟濒危物种红色名录》（IUCN）：易危(VU)
- 《濒危野生动植物种国际贸易公约》（CITES）：附录Ⅰ

岩羊

Pseudois nayaur Hodgson, 1833

大型野生羊类。雌雄都有角，雄羊角粗大而长，向两侧分开并向后上方弯曲，角上纵棱从中部开始扭转到角尖外侧；雌羊角较短小。体背青灰褐色或褐黄灰色，体腹和四肢内侧白色，体侧及四肢前面具黑色纹。

典型的高山动物，栖息于海拔2500~5500 m的高山裸岩区、山谷间草甸，很少进入林内。群居，晨昏活动。善在峭壁岩石间攀登跳跃。以高山矮草、灌木叶枝、地衣等为食。冬季发情，孕期5个月左右，通常每胎产1崽。

青藏高原—横断山区特有种，在我国分布于西藏、云南、四川、青海、陕西、甘肃、宁夏、内蒙古、新疆。国外分布于不丹、印度、缅甸、尼泊尔、巴基斯坦。

（属）岩羊属 Pseudois

（科）牛科 Bovidae

- 《国家重点保护野生动物名录》：Ⅱ级
- 《中国物种红色名录》：无危(LC)
- 《世界自然保护联盟濒危物种红色名录》（IUCN）：无危(LC)

野牦牛

Bos mutus Linnaeus, 1766

属	野牛属 **Bos**
科	牛科 **Bovidae**

体形大而粗壮，雄性个体明显大于雌性个体。雌雄均具有细长弯曲的角，两角间的距离较宽，肩部高耸，四肢粗短，蹄大而圆。头、体背和四肢下段毛被短而致密，体侧下部、肩部、胸腹部、腿部及尾部均披有下垂的长毛。除吻周略灰白外，全身黑褐色。

是世界上分布海拔最高的大型有蹄类动物，栖息于海拔4000~6000 m人迹罕至的高寒草甸、草原、荒漠和山间盆地等多种环境中，生性耐寒。结群活动，多在夜间和清晨采食。以禾本科植物等高山寒漠植物及地衣为食。9—12月发情交配，孕期8~9个月，每胎产1崽。

中国特有种，分布于西藏、青海、甘肃、新疆。

- 《国家重点保护野生动物名录》：Ⅰ级
- 《中国物种红色名录》：易危(VU)
- 《世界自然保护联盟濒危物种红色名录》（IUCN）：易危(VU)
- 《濒危野生动植物种国际贸易公约》（CITES）：附录Ⅰ

西藏盘羊

Ovis hodgsoni Linnaeus, 1758

属　盘羊属　Ovis

科　牛科　Bovidae

　　体形较大，头大，颈粗，肩高，四肢较长。雌雄均有角，雄羊角粗大而弯曲，由头顶向下扭曲呈螺旋状，表面布满环棱；雌羊角短而细。被毛短而粗糙，体背灰棕色，体下部污白，臀部有白斑。

　　典型的山地动物，栖息于海拔3000~5500 m的高山裸岩地带或高寒草原、荒漠及高山草甸、灌丛等环境中。喜开阔、干燥的沙漠和草原。群居。有季节性迁徙习性。主要以草本植物为食，也食灌木嫩枝叶。多在冬季发情，孕期约5个月，每胎产1~2崽。

　　中国特有种，仅分布于西藏。

- 《国家重点保护野生动物名录》：Ⅰ级
- 《中国物种红色名录》：近危(NT)
- 《世界自然保护联盟濒危物种红色名录》（IUCN）：近危(NT)
- 《濒危野生动植物种国际贸易公约》（CITES）：附录Ⅰ

喜马拉雅旱獭

Marmota himalayana Hodgson, 1841

（属）旱獭属　Marmota

（科）松鼠科　Sciuridae

我国体形最大的地栖类松鼠。身体粗壮，尾短而稍扁平，耳短圆，四肢粗短，趾爪发达。自鼻端至两耳前方之间具黑色斑，背部毛色棕黄，并具不明显的黑色细斑纹；腹部淡棕黄色，尾端部黑褐色。

典型的高山草甸、草原啮齿类，栖息于海拔 2900~5500 m 的高山草甸、草原及荒漠草原地带。穴居，营家族式群居生活。多在白天活动，清晨和傍晚较为活跃。10 月至翌年 3 月为冬眠期。以植物种子、嫩枝叶以及草根、草茎等为食。春季繁殖，每胎产 2~9 崽。

中国特有种，分布于新疆、西藏、青海、甘肃、四川、云南。

- 《中国物种红色名录》：无危(LC)
- 《世界自然保护联盟濒危物种红色名录》（IUCN）：无危(LC)

高原鼠兔

Ochotona curzoniae Hodgson, 1857

体形较小，身材浑圆。唇部四周及鼻端黑色，耳背黑褐色，身体背部灰褐色，腹部为污白色。

栖息于海拔 3000~5000 m 的高山草甸、草原和高寒荒漠草原地带，常在植被稀疏的山麓缓坡及碎屑砾石山坡挖洞穴居。营群居生活。主要在白天活动。无冬眠期，冬季栖息海拔降低。以禾本科及豆科植物为食。4—7月繁殖，每年繁殖 1~2 胎，每胎产 1~8 崽。掘土行为对于改善土壤、增加植物多样性有重要作用；其本身还是多种食肉动物的猎物。

中国特有种，分布于西藏、甘肃、青海、四川、新疆。

| 属 | 鼠兔属 | Ochotona |
| 科 | 鼠兔科 | Ochotonidae |

- 《中国物种红色名录》：无危(LC)
- 《世界自然保护联盟濒危物种红色名录》（IUCN）：无危(LC)

大耳鼠兔

Ochotona macrotis Günther, 1875

属	鼠兔属	Ochotona
科	鼠兔科	Ochotonidae

体形较大，外形粗壮，后肢稍长于前肢，耳郭圆大，耳内毛被长而密。颈、肩部有一淡黄色翎领斑，夏季身体背毛呈黄褐色，腹部灰白色，冬季毛色稍浅。

典型的高寒草原动物，栖息于海拔2300~6400 m的草原、草甸、荒漠及高山砾石堆和布满乱石的山谷。在草甸上挖洞或在石缝间筑巢。群栖生活，白天活动，以植物的嫩茎、幼芽和根以及草类、苔藓和地衣为食；秋季有贮草以备冬季食用的习性；冬季不冬眠。繁殖期为4—8月，每年可繁殖2胎，每胎产4~7崽。

在我国分布于西藏、青海、云南、四川、甘肃、新疆。国外分布于阿富汗、巴基斯坦、不丹、印度、尼泊尔、哈萨克斯坦、吉尔吉斯斯坦、塔吉克斯坦。

- 《中国物种红色名录》：无危(LC)
- 《世界自然保护联盟濒危物种红色名录》（IUCN）：无危(LC)

灰尾兔

Lepus oiostolus Hodgson, 1840

大型兔类。耳大，吻部细长。体毛长而蓬松，背毛沙褐色，背中央色深，臀部银灰色，腹部纯白色，尾白色，尾背具暗灰色斑。

栖息于海拔2500~5400 m的高山草甸、草原、林缘、稀疏灌丛、荒漠等生境。无固定巢。夜行为主，晨昏活动更为频繁。主要以草本植物、灌木的枝叶为食。繁殖期4—8月，每年繁殖2~4胎，每胎产4~6崽。

中国特有种，分布于西藏、青海、云南、四川、甘肃、新疆。

属	兔属	Lepus
科	兔科	Leporidae

- 《中国物种红色名录》：无危(LC)
- 《世界自然保护联盟濒危物种红色名录》（IUCN）：无危(LC)

胡兀鹫

Gypaetus barbatus Linnaeus, 1758

属	胡兀鹫属	Gypaetus
科	鹰科	Accipitridae

全长约110 cm 。头灰白色，过眼纹黑色，后颈、肩和下体棕白色，上体余部黑褐色具白色斑纹，下体黄褐色；尾黑灰色，呈楔尾形。

栖息于高山和亚高山及高原草甸、稀树灌丛、裸岩地带，常单独或结小群活动，能长时间在空中翱翔。以动物的尸体等为食，有时也捕食中小型脊椎动物，觅食范围可达数十平方千米。筑巢于悬崖边或洞穴内，每窝产卵1~2枚。

在我国新疆为夏候鸟或繁殖鸟，在四川、云南、西藏、甘肃、青海、宁夏为留鸟，其他地区为迷鸟。国外分布于欧洲西南部、非洲、亚洲西部和中部。

- 《国家重点保护野生动物名录》：I级
- 《中国物种红色名录》：近危(NT)
- 《世界自然保护联盟濒危物种红色名录》（IUCN）：近危(NT)
- 《濒危野生动植物种国际贸易公约》（CITES）：附录II

红翅旋壁雀
Tichodroma muraria Linnaeus, 1766

全长约17 cm。颏、喉部纯白；头顶至背、肩羽和尾上覆羽均呈灰色，翅黑色，具红色斑纹和白斑，尾羽黑色，基部染粉红，外侧尾羽具白色次端斑；下体深灰色。

栖息于岩石多的河谷、峭壁、陡坡地带，或潮湿阴暗的山谷。多单个或成对活动，善在岩崖峭壁上攀爬，觅食岩壁缝隙中的昆虫、蜘蛛等。繁殖期5—7月，每窝产卵3~5枚。

在我国分布于除东北和华南沿海的广大地区。国外分布于欧洲南部、西亚、中亚和南亚北部。

属　旋壁雀属　Tichodroma

科　鸭科　Sittidae

- 《中国物种红色名录》：无危(LC)
- 《世界自然保护联盟濒危物种红色名录》（IUCN）：无危(LC)

河乌

Cinclus cinclus Linnaeus, 1758

属	河乌属	Cinclus
科	河乌科	Cinclidae

全长约19 cm。额、头顶至上背暗棕褐色，颏、喉和胸部白色（褐色型为暗棕褐色）；下背至尾上覆羽和尾羽石板灰色，羽缘黑色；其余下体棕褐色；两性相似。

在青藏高原栖息于海拔2400~5500 m的高山河流、山溪或沼泽湿地的多岩石或鹅卵石地带，随季节变化有垂直迁移。除繁殖期外多单独或成小群活动，喜在水流湍急的山溪中捕食或在溪旁树根下或落叶下觅食，也能短时（通常10秒钟以内）潜入水中觅食。主要以水生昆虫等无脊椎动物为食，也吃一些植物性食物。筑巢于岩石裂缝中或陡壁边缘，每窝产卵4~6枚。

在我国分布于甘肃、新疆、西藏、青海、云南、四川。国外分布于欧洲、西亚、中亚。

- 《中国物种红色名录》：无危(LC)
- 《世界自然保护联盟濒危物种红色名录》（IUCN）：无危(LC)

白须黑胸歌鸲

Calliope tschebaiewi Przevalski, 1876

全长约16 cm。雄鸟上体暗灰褐色，眼先、眼圈、颊和耳羽黑色，眉纹和颊纹白色，颏、喉部赤红；尾羽端部和外侧尾羽基部白色；胸部具宽阔的黑色横带，下体余部白色。雌鸟胸带淡灰褐色，余部与雄鸟相似。

栖息于海拔2600~4800 m的高山或亚高山灌丛、矮树丛，通常活动于周边布满岩石、碎石并有水源的地带。在地面取食昆虫、蜘蛛、软体动物等。繁殖期5—8月，每窝产卵3~5枚。

喜马拉雅山脉、中南半岛有分布。在我国分布于青海、甘肃、西藏、云南、四川。

属 野鸲属 Calliope

科 鹟科 Muscicapidae

- 《中国物种红色名录》：近危(NT)
- 《世界自然保护联盟濒危物种红色名录》（IUCN）：无危(LC)

领岩鹨

Prunella collaris Scopoli, 1769

属	岩鹨属　Prunella
科	岩鹨科　Prunellidae

全长约17 cm。前额至后颈及头侧暗灰褐色，颏、喉灰白，具黑褐色横斑；上体棕褐具黑褐色纵纹，翅覆羽黑色，羽端白色，形成两道点状翅斑，尾羽黑褐，外侧尾羽内翈具白色端斑；胸和颈侧灰褐，腹和两胁栗红色，各羽具淡棕黄色羽缘，尾下覆羽黑褐，羽缘白色；两性相似。

栖息于海拔1800~5000 m岩石丰富的高山灌丛、草甸及裸岩地带；繁殖季在树线和雪线之间活动；非繁殖季活动海拔低于此，还会出现在人类居住地附近。成对或结小群活动，多在岩石附近或灌木草丛中觅食，主要以昆虫、蜘蛛等小型无脊椎动物以及植物果实、种子及草籽等为食。繁殖期5—8月，每窝产卵3~4枚。

在我国分布于黑龙江、辽宁、吉林、北京、河北、山东、山西、陕西、内蒙古、甘肃、新疆、西藏、青海、云南、四川、台湾。国外分布于欧洲南部、西亚、东亚。

- 《中国物种红色名录》：无危(LC)
- 《世界自然保护联盟濒危物种红色名录》（IUCN）：无危(LC)

白腰雪雀

Onychostruthus taczanowskii Przewalski, 1876

全长约17 cm。头和上体淡灰褐色，前额及眉纹白色，贯眼纹黑色；背和肩具暗褐色纵纹，腰及尾上覆羽白色，翅和尾羽黑褐，翅覆羽羽端和次级飞羽基部白色，外侧尾羽具白色端斑；下体白色，胸部沾褐灰色。

栖息于海拔3500~5100 m多裸岩的高原荒漠和半荒漠灌丛及沼泽地边缘，也见于人类居住地附近，常利用鼠兔的洞穴居住或繁殖。常成对或结小群活动。食物主要为昆虫和植物种子、草籽等。筑巢于鼠兔洞穴中，每窝产卵3~5枚。

在我国分布于甘肃、新疆、西藏、青海、四川。国外分布于尼泊尔、印度。

（属）高原雀属　Onychostruthus

（科）雀科　Passeridae

* 《中国物种红色名录》：无危(LC)
* 《世界自然保护联盟濒危物种红色名录》（IUCN）：无危(LC)

青海沙蜥
Phrynocephalus vlangalii Strauch, 1876

（属）沙蜥属　Phrynocephalus

（科）鬣蜥科　Agamidae

　　头和躯干粗扁，腹部膨大；四肢粗短，指、趾短，后肢贴体前伸达肩部或腹部；尾基部粗扁，其余部分圆柱状，向后逐渐变细，末端较钝。体棕黄或棕色，头背面眼盖上显现2条深色横纹；咽喉部有黑色斑纹或斑块；胸、腹部具大黑斑，背中线以绿黄或红棕色小点分隔，整个背面有分散浅色小圆点；腹面淡黄白色；四肢具轮廓不清的深色斑或窄波纹。

　　栖息于海拔2000~4500 m的青藏高原荒漠和半荒漠地区的干旱沙带及镶嵌在草甸之间的沙地和丘状高地，黄土高原西缘的干草原带亦有。营穴居生活，白昼活动，在砾石、草丛、灌丛下觅食。以小型鳞翅目和蚂蚁等昆虫为食。卵胎生，8月产崽，每次2~4只。

　　中国特有种，分布于新疆、甘肃、青海、四川。

- 《中国物种红色名录》：无危(LC)
- 《世界自然保护联盟濒危物种红色名录》（IUCN）：无危(LC)

西藏沙蜥

Phrynocephalus theobaldi Blyth, 1863

(属) 沙蜥属 Phrynocephalus

(科) 鬣蜥科 Agamidae

体短而平扁。吻尖，眼间凹陷，上、下眼睑均被粒鳞，鼻孔朝向前上方，头部背面鳞片平滑而大；体背、腹鳞光滑；四肢短小，前肢贴体前伸仅第一指不超越吻端，指、爪均短，后肢贴体前伸到达腋部、肩部或颞部；尾长为头体长的1.5倍以上。体背面灰色、浅棕色或浅蓝灰色，有两纵列浅色镶边的圆形黑斑，前胸有黑色小点；腹面连同尾下黄白色，有大型黑斑；尾梢腹面深黑色，但雌蜥腹面及尾梢的黑色较浅。

生活于3000~4800 m高山荒漠中的草地或灌丛中。卵胎生。

在我国分布于西藏、新疆。国外分布于印度、尼泊尔。

- 《中国物种红色名录》：无危(LC)
- 《世界自然保护联盟濒危物种红色名录》（IUCN）：无危(LC)

第四章
青藏高原高寒草甸
Chapter Four

一、高寒草甸生态系统

草甸属于隐域性植被，在地球表面不形成水平地带性分布，是由适宜中生水分条件的多年生草本植物组成的植被类型。草甸是青藏高原北部高寒区最为重要的类型之一，也是组成最为复杂、植物种类最为丰富和景观最为多样的类型。

高寒草甸是由冷中生的多年生草本植物为建群种构成的群落类型，它是在高海拔、低气温的高原、高山地带特定气候条件下形成的，在青藏高原分布最为普遍、广泛，是我国青藏高原和亚洲中部高山地区独特的植被类型，也是青藏高原主要的甚至是最好的天然草场。这类植被由于植物种类丰富，特别是在夏季，当千姿百态、万紫千红的多年生双子叶植物的花朵竞相绽放时，就构成了色彩缤纷和蜂飞蝶舞的景观外貌，所以，在早期的一些文献中常被称为五花草甸，竟能使人获得赏心悦目的感官享受而流连忘返。甚至还有一些诸如蓼属（*Polygonum*）、马先蒿属（*Pedicularis*）、风毛菊属（*Saussurea*）、垂头菊属（*Cremanthodium*）等的种类，可以单种建群而成大面积连绵不绝的纯色植被，镶嵌于蓝天白云下的高寒草甸中，在丰富了高寒草甸景观类型的同时，更形成了青藏高原上一道道独特的景观。特别是甘肃马先蒿组成的纯红色植被，犹如红色地毯一样，竟可在一些地段延伸成一眼望不到边的花海，也就是当地藏族同胞所称的"梅朵塘"之一。

高寒湿地

作为具有高原高山性质的高寒草甸植被类型，高寒草甸具有典型的高原地带性和山地垂直地带性特征。高寒草甸在青藏高原北部主要分布于青海省的祁连山地、昆仑山和青南高原的东部，甘肃南部、西藏东部、藏北高原、川西高原和云南西北部一带，位于青藏高原东部亚高山针叶林带以上，高山流石坡稀疏植被以下地段和辽远广阔的高原面上，有些还可在阳坡地段进入高寒灌丛而分别与山生柳、窄叶鲜卑花和金露梅等组成高寒灌丛草甸。高寒草甸植被的组成主要是北极—高山成分和中国—喜马拉雅

甘肃马先蒿

高寒沼泽草甸

成分。

莎草科嵩草属（*Kobresia*）的多种植物都是高寒草甸植被的特征种和建群种以及重要的伴生种，是为其典型的代表类群，如藏嵩草（*Kobresia schoenoides*）、小嵩草（*Kobresia pygmaea*）、线叶嵩草（*Kobresia Capillifolia*）、矮嵩草（*Kobresia humilis*）等，另外还有垂穗披碱草（*Elymus nutans*）等。

除了典型的高寒草甸，依据水分生态条件的不同，由藏嵩草和华扁穗草（*Blysmus sinocompressus*）等为特征种和建群种组成的水分条件更为优越的高寒沼泽草甸，和趋于干旱的小嵩草+异针茅（*Stipa aliena*）及小嵩草等高寒草原化草甸亦属于高寒草甸的类型。前者分布于河湖沿岸周边及水分充足的低洼滩地，即藏族人民所称的"纳滩"；后者多分布于浑圆山体中上部。青藏高原北部高寒区的高寒草甸植被有着极为丰富的伴生类群，习见和重要的有圆穗蓼（*Polygonum macrophyllum*）、珠芽蓼（*P.viviparum*）、小大黄（*Rheum pumilum*）、花葶驴蹄草（*Caltha scapos*）以及银莲花属（*Anemone*）、虎耳草属（*Saxifraga*）、委陵菜属（*Potentilla*）、长叶无尾果（*Coluria*

杂类草草甸

黄河源区高寒湿地

长花马先蒿

longifolia）、马先蒿属（Pedicularis）、黄耆属（Astragalus）、棘豆属（Oxytropis）、龙胆属（Gentiana）、独一味（Lamiophlomis rotata）、白苞筋骨草（Ajuga lupulina）、兰石草（Lancea tibetica）、风毛菊属（Saussurea）、香青属（Anaphalis）、火绒草属（Leontopodium）、亚菊属（Ajania）、蒿属（Artemisia）、海韭菜（Triglochin maritima）、羊茅属（Festuca）、早熟禾属（Poa）、细柄茅属（Ptilagrostis）、落草属（Koeleria）、披碱草属（Elymus）、黄帚橐吾（Ligularia virgaurea）、卷鞘鸢尾（Iris potaninii）等多种典型的高原高山植物。

除了高寒草甸，青藏高原北部还有由蕨菜（Pteridium aquilinum var. latiusculum）等建群组成的典型草甸类型和由芦苇（Phragmites australis）、大叶白麻（Poacynum hendersonii）、白茎盐生草（Halogeton arachnoideus）、盐爪爪（Kalidium foliatum）、盐角草（Salicornia europaea）、盐地碱蓬（suaeda salsa）等组成的盐生草甸类型植被。

祁连山高寒沼泽草甸

二、高寒草甸常见物种

地皮菜
Nostoc commune Vauch.

属	念珠藻属	Nostoc Vauch.
科	念珠藻科	Nostocaceae

又名地软、地耳、地木耳。植物幼时球形，成熟后扩展呈皱褶片状，有时不规则裂开，宽可达数厘米，蓝绿色或褐绿色至黄褐色。丝体弯曲，缠绕，群体胶被仅在四周明显而厚，黄褐色，常分层，内部的分层不明显，无色透明。细胞短桶形或近球形，长 5 μm，异形胞近球形，直径约 7 μm。孢子外壁光滑，无色，椭圆形，与营养细胞大小相同。产祁连山地、青南高原。

生长于海拔 1800~3800 m 的高寒沼泽草甸河滩疏林草地、山地阳坡草甸、干旱草原和荒漠化草原潮湿处。

双色脐鳞

Rhizoplaca phaedrophthalma (Poelt) S.D. Leav., Zhao Xin & Lumbsch

地衣体：壳状至鳞叶状，直径2~6 cm，圆形至不规则扩展，疏松至紧密附着于基物；中央鳞片紧密聚生或靠生，厚达3 mm，鳞片直径0.5~1 mm；边缘鳞片厚约0.2 mm，直径约1.5~2（~3）×1~2 mm；上表面：枯草黄色，边缘色深，无光泽。子囊盘：茶渍型，无柄，密集聚生于近中央处，边缘裂片无子囊盘；盘面棕黄色至红棕色，幼时平坦，成熟后强烈凸起，盘缘消失；盘缘薄，与地衣体同色，具裂隙。子实层：高48.5~60 μm，I+蓝色。子囊及子囊孢子：子囊棒状，直径39~46×13~18 μm，内含8孢子；孢子卵圆形，直径（7.8~）9~10.5×5.8~7.2 μm。

生长于干旱地区或高海拔岩石表面，海拔2737~4830 m；本种在青藏高原高海拔地区与丽石黄衣、黑瘤衣、微孢衣等组成岩石表面地衣多样性群落生态景观。在我国分布于甘肃、青海、西藏。尼泊尔、美国、加拿大也有分布。

属 脐鳞属 Rhizoplaca Zopf

科 茶渍科 Lecanoraceae

甘肃鳞茶渍

Squamarina kansuensis (H. Magn.) Poelt

属	鳞茶渍属	Squamarina Poelt
科	珊瑚枝科	Stereocaulaceae

地衣体：壳状至鳞片状，紧密或疏松贴生基物，圆形至不规则扩展，直径3~15 cm。裂片：宽1~3 mm，中央裂片相互紧密靠生呈壳状，边缘裂片分裂扩展，顶端略上扬。上表面：灰绿色至麦秆黄色，具显著白色粉霜层，无粉芽及裂芽。下表面：白色，无皮层及假根，近顶端有白色茸毛。子囊盘：聚生于地衣体上表面近中央处，圆形，单一或聚生，盘面红棕色，幼时轻微凹陷至平坦，成熟后凸起，直径小于2 mm。孢子无色单胞，椭圆形至轻微梭形，直径7.5~15×5~7.5 μm。地衣特征化合物：皮层 K−，C−，P−，髓层 K−，C−，P+黄色。

生长于干旱区土壤表面，海拔1300~4800 m；是甘肃沙漠地区形成生物结皮的主要地衣物种之一，该种在极端干旱环境中的地衣生态适应性及沙漠生物地毯工程中有重要生态学意义。中国特有种，分布于甘肃、内蒙古、宁夏、四川、西藏、新疆、云南。

旱黄梅
Xanthoparmelia camtschadalis (Ach.) Hale

属 黄梅属　Xanthoparmelia (Vain.) Hale

科 梅衣科　Parmeliaceae

　　地衣体：叶状，疏松附着于基物，不规则扩展。裂片：狭叶形，重复二叉分裂，宽0.5~1 mm，中央部分裂片顶端上仰，近直立，有时两侧下卷呈半管状，顶端钝圆或缺刻。上表面：淡黄色至污黄色，局部有时呈黄褐色，无光泽，明显凸起，无粉芽和裂芽。下表面：黑色，有稀疏短假根。子囊盘：未见。地衣特征化合物：皮层K+黄色，髓层P+橘红色，K+黄色变红色。

　　生长于海拔1300~4300 m的岩面或沙土上。在我国分布于内蒙古、陕西、西藏、新疆、四川。欧洲和亚洲其他地区也有分布。

喜马拉雅纤齿藓
Haplodontium himalayanum (Mitt.) X. R. Wang & J.C. Zhao

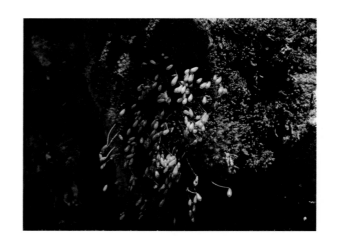

属 纤齿藓属　Haplodontium Hampe

科 真藓科　Bryaceae

　　植物体较小，密集丛生，叉状分枝，高0.4~1.0 cm；茎上端叶密生，呈倾斜伸展，叶卵状披针形，边缘反卷，叶先端边缘具稀疏细齿，中肋强劲，贯顶突出呈长毛尖状；叶细胞长菱形，宽12~25 μm。蒴柄长0.8~1.3 cm。孢蒴梨形，成熟时呈棕红色，蒴盖呈短圆锥状。

　　零星分布于喜马拉雅山脉。生长于海拔3000 m以上的岩石上或土壤中。青海新记录，之前仅记录分布于西藏。

鸡爪大黄

Rheum tanguticum (Maxim. ex Regel) Maxim. ex Balf

属 大黄属　Rheum Linn.

科 蓼科　Polygonaceae

多年生高大草本，高 1.5~2 m。根粗壮，肥厚，直径达 10 cm。茎直立，中空。基生叶、茎下部叶具长柄，叶柄半圆柱形；叶片轮廓宽心形，近圆形或宽卵形，长（15）30~60 cm，顶端窄长急尖，基部稍心形，通常掌状5~7深裂，最基部一对裂片通常简单，中间3~5裂片常为三回羽状深裂，小裂片狭长披针形，上面具乳突或粗糙，下面密被白色柔毛或短糙毛，基出脉5条，粗壮，于背面明显突起；茎上部叶较小，具短柄；托叶鞘大型膜质，褐色，多破裂，被粗糙短毛。圆锥花序顶生；花小，淡黄色至乳白色或紫红色；花梗细，长2~3 mm，中下部具关节；花被片6，内轮花被片较大；雄蕊通常9；子房宽圆形，花柱3，向下弯曲，柱头头状。瘦果椭圆形或长圆状卵形。种子卵形，黑褐色。花期6—7月，果期7—8月。

生长于海拔2300~4200 m的沟谷林缘、山坡林下、河岸溪水边、半阳坡灌丛。在我国分布于青海、甘肃、西藏、四川。

生态地位：伴生种。

经济价值：根入药。根含鞣质，可提制栲胶。

尼泊尔酸模

Rumex nepalensis Spreng

属 酸模属 **Rumex** Linn.

科 蓼科 Polygonaceae

多年生草本，高0.6~1.5 m。根圆锥状，肥厚。茎分枝或不分枝，中空。基生叶具柄，叶片长圆状卵形或尖卵形，长10~20 cm，宽5~10 cm，顶端钝或尖，边微波状，基部心形；茎生叶向上渐小，基部心形或楔形，叶柄较短。花序圆锥状，顶生，大型，分枝少，有叶；花两性；花梗纤细，长3~5 mm，中部以下具关节；花被片6，紫红色，外轮花被片长圆形，长1~1.5 mm，内轮花被片卵形或长圆形，果期增大，直立，长约4 mm，顶端钝，基部近截形，边缘具7~11对钩状刺齿，花期刺齿较直，中脉常有瘤状突起。瘦果卵状三角形，深褐色，有光泽，长约3 mm。花期6—7月，果期8—10月。

生长于海拔2700~4000 m的山坡林缘、河谷灌丛、田林路边、河滩草甸、渠岸水沟边、田边荒地。在我国分布于青海、甘肃、陕西、西藏、云南、四川、贵州、湖北、湖南、江西。日本、越南、缅甸、印度、尼泊尔、巴基斯坦、阿富汗、伊朗、土耳其、印度尼西亚也有分布。

生态地位：伴生种。

经济价值：根和叶入药。

圆穗蓼

Polygonum macrophyllum D. Don

多年生草本，高3~30 cm。根状茎粗壮，弯曲。茎直立，单一或数条自根状茎发出，不分枝，无毛。基生叶长圆形或披针形，长2~8 cm，宽0.5~3 cm，顶端急尖，基部圆形或宽楔形，两面通常无毛；基生叶较小，线形或线状披针形，具短叶柄或近无柄；托叶鞘筒状、膜质、褐色、顶端偏斜，易破裂，长2~3 cm。穗状花序顶生，球形或短圆柱形，长0.7~2.8 cm，直径0.5~1.5 cm；苞片褐色，膜质，卵形，顶端渐尖，每苞内具2~3花；花梗细弱，与苞片近等长或较长，顶端具关节；花被白色或淡红色，5深裂，花被片长圆形或椭圆形，长2~3 mm；雄蕊8，较花被长，花药黑紫色；花柱3，柱头头状。瘦果卵形，具3棱，长2~3 mm，黄褐色，有光泽，包于宿存花被内。花期7—8月，果期8—9月。

生长于海拔3000~4600 m的河滩草甸、高寒草甸、高山灌丛、河谷阶地。在我国分布于青海、甘肃、陕西、西藏、云南、四川、贵州、湖北。尼泊尔、印度、不丹也有分布。

生态地位：特征种、建群种、优势种、伴生种。

经济价值：根状茎入药。可做优良牧草。

属　蓼属　Polygonum Linn.

科　蓼科　Polygonaceae

珠芽蓼

Polygonum viviparum Linn.

属	蓼属	Polygonum Linn.
科	蓼科	Polygonaceae

多年生草本，高10~50 cm。根状茎短粗，黑褐色，具残存叶鞘、老叶柄，断面通常紫红色。茎单一或数条自根状茎发出，直立，不分枝，常棕红色，具条纹，无毛或近无毛。基生叶、基下部叶具长叶柄，叶片长圆形或卵状披针形，长3~13 cm，宽0.5~3.2 cm，顶端尖或急尖，基部圆形、近心形或楔形，两面无毛，全缘，叶脉在边缘增粗使叶缘向下反卷；茎生叶较小，披针形，近无柄；托叶鞘筒状，膜质，淡褐色，顶端偏斜，易破裂，长1.5~5 cm，无毛，具脉纹。穗状花序圆柱形，顶生，单一，长3~10（12.5）cm，紧密，中下部生珠芽，珠芽卵形，绿带紫红色，长约3 mm，有时未脱离母株就发芽；苞片卵形，膜质，淡褐色，具1~2花或珠芽；花药黑紫色，花柱3，下部合生，柱头头状。瘦果深褐色，卵形，具3棱，长2~3 mm，有光泽。花果期6—9月。

生长于海拔2000~4800 m的高寒草甸、高寒沼泽草甸、高寒灌丛草甸、湖滨潮湿草地、沟谷灌丛、河谷阶地、林下林缘、河滩草甸、渠岸沟边。北温带至北极都有分布。在我国分布于青海、新疆、甘肃、陕西、宁夏、西藏、云南、四川、山西、河北、内蒙古、吉林、黑龙江、辽宁、河南、湖北。

生态地位：建群种、优势种、伴生种。

经济价值：根状茎入药。可做优良牧草。

西藏虎耳草
Saxifraga tibetica A. Los.

多年生草本，高1~16 cm，密丛生。茎密被褐色卷曲长柔毛。基生叶具柄，叶片椭圆形至长圆形，长0.8~1 cm，宽2~6.5 mm，先端钝，无毛，叶柄长2~3 cm，基部扩大，边缘具褐色卷曲柔毛；茎生叶，下部者具柄，上部者变无柄，叶片狭卵形、披针形至长圆形，长6~14 mm，宽1.5~6 mm，无毛或边缘具褐色卷曲柔毛，叶柄长1~1.3 cm。单花生于茎顶，花梗长约5 mm，被褐色卷曲柔毛；苞片1，狭卵形、狭披针形至长圆形，长3.5~9 mm，宽1~3.5 mm，两面无毛，边缘具卷曲柔毛；萼片在花期反曲，近卵形至近狭卵形，长3.2~4.1 mm，宽1.5~2.5 mm，先端钝，两面无毛，边缘具褐色卷曲柔毛，3~5脉于先端不汇合；花瓣腹面上部黄色而下部紫红色，背面紫红色，蒴果长约4 mm。花果期7—9月。

生长于海拔4100~5600 m的高寒草甸、山前冲积扇、河谷阶地、山沟石隙。在我国分布于青海、新疆、西藏。

生态地位：伴生种、先锋种。

属 虎耳草属	Saxifraga (Tourn. ex Linn.) Linn.
科 虎耳草科	Saxifragaceae

藏豆
Hedysarum tibeticum Benth.

属 藏豆属 **Stracheya** Benth.

科 豆科 **Leguminosae**

多年生矮小、丛生草本。茎极短。叶为奇数羽状复叶；小叶7~23，有时两面具黑色凹陷点，长椭圆形至椭圆形，边缘有时内卷，长5~15 mm，宽2~5 mm，腹面无毛或有时疏被毛，背面密被白色柔毛；托叶膜质，长4~6 mm，密被长柔毛。总状花序腋生，短，具2~5花；苞片膜质，棕褐色，长4~5 mm，被柔毛；花梗长3~4 mm；花萼钟形，长8 mm，被柔毛，萼齿5，披针形，长4 mm；花冠紫红色；旗瓣长17~19 mm，基部具淡黄色小斑点；翼瓣长约15 mm，爪长不足瓣片之半，耳钝圆，长约1.5 mm；龙骨瓣稍短于旗瓣，爪长为瓣片之半；雄蕊10枚，成9与1的两体；子房条形，胚珠少数。荚果长1.5~3 cm，被短的伏贴毛，缢缩不明显，直，扁平，具4列三角形或宽三角形的扁刺状突起（长1~3 mm），两侧均具明显隆起的网纹状横脉，含种子2~5枚；种子肾形，长约2.5 mm。花果期6—8月。

生长于海拔3900~4600 m的高山草地、沙砾滩地、湖滨滩地、河漫滩山前冲积扇。在我国分布于青海、西藏。尼泊尔、印度也有分布。

生态地位：伴生种。

黄花棘豆

Oxytropis ochrocephala Bunge

属　棘豆属　Oxytropis DC.

科　豆科　Leguminosae

多年生草本，高20~40 cm。根粗壮，圆柱状棕褐色。茎粗壮，基部分枝，密被白色或黄色长柔毛。托叶卵形，先端尖，下部联合；奇数羽状复叶，长10~16 cm，叶轴密被长柔毛；小叶15~41，卵状披针形，长10~28 mm，宽3~9 mm，先端渐尖，基部圆形，两面密被丝状长柔毛，总状花序腋生，圆筒状或卵圆形，密生多花；总花梗长10~26 cm，密生长柔毛：苞片披针形，长8~12 mm，密被毛；花萼筒状，后期略膨胀，长12~16 mm，密被白色或黄褐色长短交织的柔毛，萼齿条状披针形，与萼筒等长或稍长；花冠黄色；旗瓣长15~16 mm，宽约8 mm，瓣片扇形，先端圆形，中部以下渐狭成长爪；翼瓣长约12 mm，爪长于瓣片，龙骨瓣短于翼瓣，喙长1 mm，荚果卵状矩圆形，膨胀，长12~15 mm，宽5~6 mm，密被黑色、褐色或白色短柔毛。花期6—8月，果期7—9月。

生长于海拔2000~4300 m的林缘草地、沟谷灌丛、河滩草甸、高寒草甸、河谷阶地、山坡砾地。在我国分布于青海、新疆、西藏、甘肃、宁夏、四川、内蒙古。

生态地位：建群种、优势种、伴生种。

经济价值：花入药。

青海棘豆

Oxytropis qinghaiensis Y. H. Wu

（属）棘豆属 Oxytropis DC.

（科）豆科 Leguminosae

多年生草本，高15~40 cm，通体密被白色开展长柔毛，植株呈灰色。茎自基部分枝，直立、铺散或丛生，密被白色开展长柔毛。托叶卵状披针形，被毛，彼此联合至中下部，抱茎；奇数羽状复叶，长5~12 cm；小叶13~29，卵形或卵状披针形，长3~12 mm，宽2~7 mm，先端渐尖或圆形，基部圆形，两面密被白色长柔毛。总状花序腋生，密集多花，头状；总花梗长6~16 cm，密被白色开展长柔毛和黑色短柔毛；苞片条状披针形，长4~7 mm，被毛；花萼筒状钟形，长6~8 mm，密被白色开展长柔毛和黑色短柔毛，萼齿等长于萼筒或稍短；花冠紫红色或蓝紫色；旗瓣长约12 mm，瓣片宽卵形，先端微凹，基部具爪；翼瓣长约10 mm，有折囊，细爪长4~5 mm；龙骨瓣长约9 mm，爪长4 mm，耳短，具短喙；子房被黑白色相间的柔毛，花柱无毛。荚果长椭圆形，长12~16 mm，宽5~7 mm，膨胀，密被白色或黑白色相间的柔毛；种子肾形，棕色，长1.5~2 mm。花期6—8月，果期8—9月。

生长于海拔3000~4600 m的河谷滩地高寒草甸、沟谷林缘、河谷阶地草甸、山顶沙砾地、山坡灌丛草地、沙砾质滩地高寒草甸。在我国分布于青海、甘肃、四川。

生态地位：伴生种。

兴海棘豆

Oxytropis xinghaiensis Y. H. Wu

多年生草本，高15~35 cm。茎直立，密丛生，较粗壮，基部分枝，疏被白色和黑色柔毛。托叶卵状披针形，长10~15 mm，宽至6 mm，疏被毛，下部1/3彼此联合；奇数羽状复叶，长10~18 cm；叶柄长3~8 cm；小叶17~37，卵状披针形，长10~26 mm，宽3~8 mm，先端渐尖，基部圆形，两面较密被白色平伏长柔毛。总状花序腋生，密集多花，呈头状；总花梗长10~28 cm，疏被柔毛；苞片条状披针形，长4~10 mm，疏被长柔毛；花萼筒状，长8~11 mm，密被较短的黑色柔毛，或混有少量白毛，萼齿稍短于萼筒；花冠黄色，较大，各瓣片顶端伸展而不缩皱；子房条形，被黑毛。荚果长椭圆形或卵状矩圆形，长10~15 mm，宽4~5 mm，膨胀，较密被黑色短硬毛；种子肾形，褐色，长约2 mm。花期7—8月，果期8月。

生长于海拔3300~4200 m的沟谷阴坡高寒灌丛草甸、山地高寒草甸、河滩草甸。

生态地位：特征种、建群种、优势种、伴生种。

属 棘豆属 Oxytropis DC.

科 豆科 Leguminosae

唐古特黄耆
Astragalus tanguticus Batalin

（属）黄耆属　Astragalus Linn.

（科）豆科　Leguminosae

多年生草本。主根粗长，木质。茎匍匐，长10~30 cm，基部多分枝，密被开展的白色长柔毛。托叶披针形，分离，长3~6 mm，疏被毛；奇数羽状复叶，长2~5 cm；小叶柄短；小叶11~23，矩圆形或倒卵状矩圆形，长4~12 mm，宽2~6 mm，先端圆形或截形，具小突尖，基部圆形或圆楔形，腹面疏被毛或近无毛，背面密被长毛。总状花序腋生，长于叶，具4~12花；总花梗密被白色和黑色长毛；苞片线状披针形，长约3 mm；花萼下的2枚小苞片钻状，长约1.5 mm，被毛；花萼钟状，长4~5 mm，同花梗均密被黑色和白色相间的毛，萼齿披针形，两面均被毛；花冠蓝紫色，长9~12 mm；旗瓣扁圆形，长9~11 mm，宽9~10 mm，先端微凹，爪短，翼瓣和龙骨瓣均稍短于旗瓣；子房密被毛，花柱无毛，柱头具髯毛。荚果倒卵形或圆柱形，长4~9 mm，被毛，2室。花期5—8月，果期7—9月。

生长于海拔2400~4300 m的山坡及沟谷林缘、灌丛下、干旱的砾石山坡、河滩草地、阳坡石隙、田埂路边。在我国分布于青海、甘肃、西藏、四川。

生态地位：伴生种。

经济价值：全草入药。

西北黄耆

Astragalus fenzelianus Pet.-Stib.

属	黄耆属	Astragalus Linn.
科	豆科	Leguminosae

多年生草本。主根粗壮，木质。茎短缩，分枝。奇数羽状复叶，长 8~18 cm，叶柄和叶轴疏被白色柔毛；托叶矩圆形或三角状披针形，长 6~14 mm，宽 2~4 mm，边缘被长柔毛；小叶 17~35，卵形、椭圆形或近圆形，长 3~12 mm，宽 2~10 mm，先端钝圆或截形，基部圆形，腹面无毛，背面疏被毛或仅沿中脉及边缘被毛。总状花序腋生，自基部抽出，顶端密集，具 10~20 花；总花梗长 6~24 cm，下部疏被、上部密被黑色和白色柔毛；苞片膜质，披针形，长 6~9 mm，被毛；花萼筒状，长 8~12 mm，密被黑色夹有少量白色长柔毛，萼齿长 3~5 mm；花冠橘黄色；旗瓣匙状倒卵形，先端微凹，自中部骤缩后渐狭，长约 19 mm，宽约 9 mm；翼瓣约等长于旗瓣，柄长约 9 mm，耳长约 2 mm；龙骨瓣长约 21 mm，有长柄；子房密被长柔毛，有柄，花柱和柱头无毛。荚果卵状披针形，长 2~3 cm，密被黑色和白色长柔毛，顶端渐尖，有宿存花柱，1 室。花期 6—8 月，果期 7—9 月。

生长于海拔 3200~4600 m 的沟谷高寒草甸、河谷山坡灌丛草甸、河滩疏林草地。在我国分布于青海、甘肃、四川。

生态地位：伴生种。

云南黄耆
Astragalus yunnanensis Franch.

属 黄耆属 Astragalus Linn.

科 豆科 Leguminosae

多年生草本。主根长而粗壮。几无茎，基部常被沙土掩埋，无毛。奇数羽状复叶，长2~9 cm；叶柄和叶轴均疏被长柔毛；托叶分离，卵形、卵状披针形或长椭圆形，长6~14 mm，仅边缘疏被长柔毛；小叶19~35，无柄，卵形、卵状椭圆形或近圆形，长3~9 mm，宽2~6 mm，先端钝圆或截形，基部圆形，两面疏或密被白色长柔毛，边缘毛较密，有时腹面无毛。总状花序腋生，顶端密生多数下垂的花；总花梗长2~10 cm，有沟槽，疏或密被黑色和白色长柔毛；苞片膜质，披针形，长5~10 mm，疏被毛；花萼筒状，长10~16 mm，密被黑色和少量白色长柔毛，萼齿披针形，长4~8 mm；花冠黄色；旗瓣长1.6~2 cm，瓣片宽卵形，下部渐狭成柄，柄与瓣片近等长或稍短；翼瓣稍短或几等长于旗瓣，明显具耳，长约2.5 mm；龙骨瓣几等长或稍长于旗瓣，耳长约2 mm；子房密被白色和黑色长柔毛，具柄。荚果卵形，密被白色和黑色长柔毛，1室。花果期6—8月。

生长于海拔3200~5000 m的沟谷山坡草地、山地阴坡灌丛、高寒草甸砾地、山顶碎石带、山坡圆柏林缘灌丛草甸。在我国分布于青海、甘肃、西藏、云南、四川。尼泊尔也有分布。

生态地位：伴生种。

锡金岩黄耆

Hedysarum sikkimense Benth. ex Baker.

多年生草本，高10~25 cm。根肥厚。茎基部多分枝。叶长4~16 cm，叶轴微有柔毛；小叶9~33，对生或互生，矩圆形、椭圆形或卵状椭圆形，先端圆形或微凹，长0.6~1.6 cm，宽3~6 mm，腹面无毛，背面初时被毛，后期仅中脉被长柔毛；托叶棕褐色，膜质，与叶对生，联合，先端2裂，被白色长柔毛。总状花序腋生，长10~22 cm，密生12~20花。总花梗疏被长毛；苞片膜质，长6~12 mm，外被白色长柔毛；花梗长2~3 mm，密被白色或黑色长柔毛；花萼钟状，密被黑褐色或白色柔毛，萼齿披针形，长3~5 mm，长于萼筒，两面被毛，常呈黑褐色；花冠紫红色，长约20~21 mm；旗瓣短于翼瓣，翼瓣的爪与耳等长，瓣片中下部小部分镶入龙骨瓣折囊内；龙骨瓣最长，爪长约为瓣片的1/2；子房密被毛。荚果2~5节，下垂，节荚具网纹，被毛。花期6—8月，果期8—9月。

生长于海拔3500~4900 m的高寒草甸、高寒灌丛、林缘草地。在我国分布于青海、西藏、云南、四川。不丹、印度、尼泊尔也有分布。

生态地位：伴生种。

属　岩黄耆属　Hedysarum Linn.

科　豆科　Leguminosae

喜马拉雅高山豆

Tibetia himalaica (Baker) H. P. Tsui

属　高山豆属　Tibetia (Ali) H. P. Tsui

科　豆科　Leguminosae

植株高5~15 cm。根圆锥状，粗厚，主根直下，有侧根。茎明显伸长且多分枝，节间明显。托叶卵形，长5~7 mm，2枚合生，与叶对生，密被伏贴长柔毛；叶柄被长柔毛；小叶7~15，圆形、倒卵形或宽椭圆形，先端微凹，基部圆形，长4~12 mm，宽3~10 mm，两面密被伏贴长柔毛，边缘有睫毛。伞形花序具（1~）2~3（~4）花；总花梗长4~14 cm；花梗长2~3 mm，被毛；苞片长三角形，长1.5~2 mm，被长柔毛；花萼长4~5 mm，密被毛，上方2萼齿长2 mm，合生部分1 mm；花冠深蓝紫色，长约9 mm；旗瓣扁圆形，长宽各约8 mm，先端凹入；翼瓣等长于旗瓣，具爪；龙骨瓣长约4 mm，有爪；子房密被长柔毛。荚果圆柱状，有时稍压扁，1室，长1.2~2.2 cm，顶端具短尖，疏被短柔毛；种子肾形，有时不规则，长约2 mm，有斑纹。花期6—7月，果期8—9月。

生长于海拔2400~4300 m的高寒草甸、河谷阶地、林缘灌丛、滩地、阳坡、河漫滩。在我国分布于青海、甘肃、西藏、四川。尼泊尔、不丹、印度也有分布。

生态地位：伴生种。

天山报春
Primula nutans Georgi

属 报春花属 **Primula** Linn.

科 报春花科 **Primulaceae**

多年生草本，全株无粉霜。须根多数，肉色，细而长。根状茎极短。叶莲座状，叶片椭圆形，长圆形，椭圆状长圆形，稀卵形呈匙形，长0.5~3 cm，宽0.4~2 cm，先端圆形，有时钝，基部圆形或宽楔形，全缘或有稀疏微齿，光滑；叶柄细长，等于或长于叶片2~3倍，具狭翅。花葶高3~20 cm，较细弱，无毛；伞形花序含花3~6朵；苞片宽长圆形或椭圆形，长3~7 mm，先端渐尖或钝尖，基部具耳，耳长0.5~2 mm；花梗细瘦，长1~3 cm，初花期短，在新疆南部区有的有稀疏腺毛；花萼管状或窄钟状，长5~8 mm，具5棱，绿色，具紫色微小的线段，基部收缩，下延呈囊状，裂片长圆状披针形，长达花萼全长的1/3或稍深，先端急尖或渐尖；花冠蓝紫色，花冠管和喉部土黄色，花冠管长6~10 mm，喉部有环状附属物，冠檐直径1~2 cm，裂片倒卵形，先端2深裂；长花柱花，雄蕊着生冠筒中部，花柱稍伸出冠筒口，短花柱花，雄蕊着生于冠筒上部，花柱稍高于冠筒中部。蒴果长圆形，长7~8 mm，稍长于花萼。花期5—6月，果期7—8月。

生长于海拔2600~4500 m的沼泽草甸、河边湿地、灌丛草甸、山坡石隙。在我国分布于青海、新疆、甘肃、四川、西藏、内蒙古、黑龙江。欧洲、北美洲、亚洲其他地区也有分布。

生态地位：伴生种。

羽叶点地梅

Pomatosace filicula Maxim.

> (属) 羽叶点地梅属　Pomatosace Maxim.
>
> (科) 报春花科　Primulaceae

二年生草本，株高3~9 cm。主根细长，具少数须根。叶基生，多数，叶片近长圆形，长2~10 cm，宽10~15 mm，一次羽状全裂，裂片狭长圆形，宽1~2 mm，先端钝或稍尖，一般全缘，稀有齿，叶柄长达叶片的1/2，被长柔毛，长柔毛常沿叶背主脉深入到叶片中部。花葶多数，自叶丛中抽出，高3~15 cm，疏被长柔毛；伞形花序顶生，含花5~10朵，密集，似头状；苞片线形，长2~6 mm，疏被柔毛；花梗短，矮于或稍长于苞片，无毛；花萼陀螺状，长2~3 mm，结果时稍增大，疏被白毛，5裂，裂片开裂达花萼的1/3，近三角形，钝尖，花冠白色或粉红色，冠筒长约2 mm，冠檐直径约2 mm，裂片冠卵状长圆形，宽约1 mm，先端钝圆。蒴果球形，直径3~4 mm，盖裂，开裂后中部，分为上下两半；种子黑色，有种子6~12枚。花果期5—8月。

生长于海拔3000~4800 m的高山灌丛、林缘草地、山坡草甸、林下湖边、干旱的沙砾质山坡。在我国分布于青海、甘肃、西藏、四川。

生态地位：伴生种。

经济价值：全草入药。

喉毛花

Comastoma pulmonarium (Wettsh.) Toyokuni

　　一年生草本，高5~30 cm。茎直立，单生，草黄色，近四棱形，具分枝，稀不分枝。基生叶少数，无柄，矩圆形或矩圆状匙形，先端圆形，基部渐狭，中脉明显；茎生叶无柄，卵状披针形，茎上部及分枝上叶变小，半抱茎。聚伞花序或单花顶生；花梗斜伸；花5数；花萼开张，一般长为花冠的1/4，深裂近基部，裂片卵状三角形，披针形或狭椭圆形；花冠淡蓝色，具深蓝色纵脉纹，筒形或宽筒形，浅裂，裂片直立，椭圆状三角形、卵状椭圆形或卵状三角形，喉部具一圈白色副冠，副冠5束，上部流苏状条裂，冠筒基部具10个小腺体；雄蕊生于冠筒中上部，花丝白色，线形，并下延冠筒上成狭翅，花药黄色，狭矩圆形；子房无柄，狭椭圆形，无花柱，柱头2裂。蒴果无柄，椭圆状披针形；种子淡褐色，近圆球形或宽矩圆形，光亮。花果期7—11月。

　　生长于海拔2500~4500 m的林缘灌丛草甸、河滩湖滨草地。在我国分布于青海、甘肃、陕西、西藏、云南、四川、山西。日本、俄罗斯及中亚地区也有分布。

属	喉毛花属　Comastoma (Wettsh.) Toyokuni
科	龙胆科　Gentianaceae

管花秦艽

Gentiana siphonantha Maxim. ex Kusnez.

属	龙胆属	Gentiana (Tourn.) Linn.
科	龙胆科	Gentianaceae

多年生草本，高10~30 cm，基部被枯叶鞘纤维。须根黏结成圆柱状根。枝少数，直立，光滑。莲座丛叶线形或线状披针形，长达15 cm，一般宽7~10 mm，有时宽或窄，先端渐尖；叶柄长3~6 cm；茎生叶与莲座丛叶同形，较小。花多数，无梗，簇生茎顶呈头状；花萼长为花冠的1/5~1/4，萼筒膜质，长4~6 mm，一侧开裂或不开裂，萼齿不整齐，丝状或钻形，长1~3.5 mm；花冠深蓝色，筒形，长2~2.8 cm，裂片5，长圆形，长约4 mm，先端钝圆，褶狭三角形，长约3 mm，全缘或2裂；雄蕊着生于冠筒下部。蒴果内藏；种子表面具细网纹。花果期7—9月。

生长于海拔3000~4500 m的河滩林下、山地高寒草甸、沟谷灌丛草甸、沟谷山坡高寒草原。在我国分布于青海、宁夏、甘肃、四川。

生态地位：伴生种。

经济价值：根入药。

开张龙胆

Gentiana aperta Maxim.

| 属 | 龙胆属 Gentiana (Tourn.) Linn. |
| 科 | 龙胆科 Gentianaceae |

　　一年生草本，高2~10 cm。茎从基部分枝，枝铺散。基生叶在花期枯萎，卵形，长5~7 mm，宽3~4 mm，先端钝，边缘膜质不明显；茎生叶椭圆形至卵形，长达10 mm，宽1~3 mm，愈向茎上部叶愈窄，先端钝，边缘膜质不明显。花单生分枝顶端；花梗长；花萼钟形，长约6 mm，萼筒具5条膜质纵纹；裂片线状披针形或披针形，长约3 mm，先端渐尖，边缘膜质较窄，中脉有时在背部凸起；花冠淡蓝色或蓝色，喉部有一圈黄色斑点，钟形，长8~12 mm，裂片卵状椭圆形或狭椭圆形，长约2.5 mm，褶长圆形，上部2深裂，小裂先端急尖。蒴果外露或内藏，长圆状匙形，先端钝圆，具宽翅，两侧具窄翅；种子椭圆形，占面具光亮的念珠状网纹。花果期6—8月。

　　生长于海拔2600~4200 m的山坡草地、草滩、沼泽草甸、灌丛下。在我国分布于青海。

　　生态地位：伴生种。

蓝玉簪龙胆

Gentiana veitchiorum Hemsl.

属　龙胆属　Gentiana (Tourn.) Linn.

科　龙胆科　Gentianaceae

多年生草本，高5~10 cm。根略肉质，须状。花枝多数丛生，铺散，斜升，黄绿色，光滑。叶先端急尖，边缘粗糙，叶脉在两面均不明显或中脉在下面明显，叶柄背面具乳突；莲座丛叶发达，线状披针形，长30~55 mm，宽2~5 mm；茎生叶多对，愈向茎上部叶愈密、愈长，下部叶卵形，长2.5~7 mm，宽2~4 mm，中部叶狭椭圆形或披针形，长7~13 mm，宽3~4.5 mm，上部叶宽线形或线状披针形，长10~15 mm，宽2~4 mm。花单生枝顶，下部包围于上部叶丛中；无花梗；花萼长为花冠的1/3~1/2，萼筒常带紫色，筒形，长1.2~1.4 cm，裂片与上部叶同形，长6~11 mm，宽2~3.5 mm，弯缺截形；花冠上部深蓝色，下部黄绿色，具深蓝色条纹和斑点，蒴果内藏，椭圆形或卵状椭圆形，长1.5~1.7 cm，先端渐狭，基部钝，柄细，长至3 cm。种子黄褐色，有光泽，矩圆形，长1~1.3 mm，表面具蜂窝状网隙。花果期6—10月。

生长于海拔3200~4200 m的河谷山坡草地、溪流河滩草地、高原滩地高寒草甸、山地灌丛草甸及林下、沟谷林缘草甸。在我国分布于青海、甘肃、西藏、云南、四川。尼泊尔也有分布。

生态地位：伴生种。

经济价值：花入药。

麻花艽
Gentiana straminea Maxim.

属 龙胆属　Gentiana (Tourn.) Linn.

科 龙胆科　Gentianaceae

多年生草本，高10~35 cm，全株光滑，基部被枯存的纤维状叶鞘包裹。须根多数，扭结成一个圆锥形的根。花枝多数，斜生。莲座丛叶宽披针形或卵状椭圆形，长6~20 cm，宽0.8~4 cm，两端渐狭，叶脉3~5条，叶柄宽，膜质，长2~4 cm；茎生叶小，线状披针形至线形，长2.5~8 cm，宽0.5~1 cm，叶柄宽，长0.5~2.5 cm。聚伞花序顶生或腋生，排列成疏松的花序；花梗斜伸，不等长，小花梗长达4 cm，总花梗长达9 cm；花萼膜质，长1.5~2.8 cm，一侧开裂，萼齿2~5个，钻形，长0.5~1 mm；花冠黄绿色，喉部具绿色斑点，漏斗形，长3.5~4.5 cm，裂片卵形，长5~6 mm，褶偏斜，三角形，长2~3 mm；雄蕊整齐。蒴果内藏；种子褐色，表面有细网纹。花果期7—10月。

生长于海拔2600~4600 m的阳坡草地、沟谷河滩、灌丛草地、林缘空地、高寒草甸。在我国分布于青海、宁夏、甘肃、西藏、四川、湖北。尼泊尔也有分布。

生态地位：伴生种。

经济价值：全草入药。

南山龙胆

Gentiana grumii Kusnez.

属	龙胆属	Gentiana (Tourn.) Linn.
科	龙胆科	Gentianaceae

　　一年生草本，高2.5~4 cm。茎下部有乳突，从基部分枝，叶铺散。基生叶大，在花期枯萎，卵形或卵圆形，长6.5~10 mm，宽3.5~6 mm，先端钝，具小尖头，边缘软骨质；茎生叶小，对折，长圆状披针形或线状披针形，长5~6 mm，宽1~2 mm，先端钝或渐尖，具小尖头，边缘膜质。花单生分枝顶端；花梗长2~5 mm，藏于最上部一对叶中；花萼倒锥形，长5~6 mm，裂片三角形，长约2 mm，先端急尖，具小尖头，边缘膜质，中脉在背面突起；花冠上部深蓝色，下部黄绿色，喉部具多数蓝黑色斑点，倒锥形，长11~12 mm，裂片卵形，长约2 mm，褶卵形，全缘；花药稍弯曲。蒴果外露，长圆形，两端钝，边缘有翅；种子表面有细网纹。花果期6—7月。

　　生长于海拔3200~4400 m的阳坡草地、林缘灌丛草甸、河滩草甸、沼泽草甸。在我国分布于青海。

　　生态地位：伴生种。

条纹龙胆
Gentiana striata Maxim.

一年生草本，高10~30 cm。根细，少分枝。茎淡紫色，直立或斜升，从基部分枝，节间长2~7 cm，具细条棱。茎生叶无柄，稀疏，长三角状披针形或卵状披针形，长1~3 cm，宽0.5~1.2 cm，先端渐尖，基部圆形或平截，抱茎呈短鞘，边缘粗糙或被短毛，上部稀疏。花单生茎顶；花萼钟形，萼筒长1~1.3 cm，具狭翅，裂片披针形，长8~11 mm，先端尖，中脉突起下延成翅，边缘及翅粗糙，被短硬毛，弯缺圆形；花冠淡黄色，有黑色纵条纹，长4~6 cm，裂片卵形，长约7 mm，宽约5 mm，先端具1~2 mm长的尾尖，褶偏斜，截形，宽约3 mm，边缘具不整齐齿裂；花柱线形，长1~1.5 cm，柱头线形，2裂，反卷。蒴果内藏或先端外露，矩圆形，扁平，长2~3.5 cm，宽0.7~0.8 cm，柄粗壮，长1.5~2 cm，2瓣裂；种子褐色，长椭圆形、三棱状，沿棱具翅，长3~3.5 mm，宽约2 mm，表面具网纹。花果期8—10月。

生长于海拔3200~3900 m的高山灌丛、高寒草甸、沟谷山坡草地、河谷灌丛草甸、林下林缘。在我国分布于青海、宁夏、甘肃、四川。

生态地位：伴生种。

属	龙胆属	Gentiana (Tourn.) Linn.
科	龙胆科	Gentianaceae）

回旋扁蕾

Gentianopsis contorta (Royle) Ma

属 扁蕾属 Gentianopsis Ma

科 龙胆科 Gentianaceae

一年生草本，高 10~30 cm。茎直立，下部单一，上部有分枝，黑紫色，四棱形。基生叶枯落，匙形，长 8~13 mm，宽约 3 mm；茎生叶椭圆形或卵状椭圆形，长 1.5~2.5 cm，宽至 1 cm，先端钝，基部楔形。花 4 数，单生分枝顶端；花梗四棱形；花萼筒状，长为花冠的 2/3，与冠筒等长，长 2.7~3 cm，裂片 2 对，内对二角形，先端急尖，外对披针形，先端渐尖，长 4~12 mm，背面棱上有翅；花冠蓝色，筒状，长 3.5~4.5 cm，裂片椭圆形，先端圆形，两侧无细条裂齿；花丝线形，花药黄色；子房有柄，长圆形。花期 8—9 月。

生长于海拔 2230~2500 m 的山坡草地。在我国分布于青海、西藏、云南、四川、贵州、吉林、辽宁。尼泊尔、日本也有分布。

生态地位：伴生种。

四数獐牙菜
Swertia tetraptera Maxim.

（属）獐牙菜属　Swertia Linn.

（科）龙胆科　Gentianaceae

一年生草本，高5~30 cm。主根粗，黄褐色。茎直立，四棱形，棱上有宽约1 mm的翅，下部直径2~3.5 mm，从基部起分枝，枝四棱形；基部分枝较多，长短不等，长2~20 cm，纤细、铺散或斜升；中上部分枝近等长，直立。基生叶（在花期枯萎）与茎下部叶具长柄，叶片矩圆形或椭圆形，长0.9~3 cm，宽（0.8）1~1.8 cm，先端钝，基部渐狭成柄，叶质薄，叶脉3条，在下面明显，叶柄长1~5 cm；茎中上部叶无柄，卵状披针形，长1.5~4 cm，宽达1.5 cm，先端急尖，基部近圆形，半抱茎，叶脉3~5条，在下面较明显；分枝的叶较小，矩圆形或卵形，长不逾2 cm，宽在1 cm以下。圆锥状复聚伞花序或聚伞花序多花，稀单花顶生；花梗细长，长0.5~6 cm；花4数，大小相差甚远，主茎上部的花比主茎基部和基部分枝上的花大2~3倍，呈明显的大小两种类型；大花的花萼绿色，叶状，裂片披针形或卵状披针形，花时开展，长6~8 mm，先端急尖，基部稍狭缩，背面具3脉；花冠黄绿色，有时带蓝紫色，蒴果卵状矩圆形，长10~14 mm，先端钝；种子矩圆形，长约1.2 mm，表面平滑；花果期7—9月。

生长于海拔2300~4000 m的高寒草甸、山坡湿地、阴坡山麓、湖盆河滩、沟谷灌丛中。在我国分布于青海、甘肃、西藏、四川。

生态地位：伴生种。

经济价值：全草入药。

椭圆叶花锚

Halenia elliptica D. Don

属	花锚属	Halenia Borkh.
科	龙胆科	Gentianaceae

一年生草本，高15~60 cm。根具分枝、黄褐色。茎直立，无毛，四棱形，上部具分枝。基生叶椭圆形，有时略呈圆形，长2~3 cm，宽5~15 mm，先端圆形或急尖呈钝头，基部渐狭呈宽楔形，全缘，具宽扁的柄，柄长1~1.5 cm，叶脉3条；茎生叶卵形、椭圆形、长椭圆形或卵状披针形，长1.5~7 cm，宽0.5~2（3.5）cm，先端圆钝或急尖，基部圆形或宽楔形，全缘，叶脉5条，无柄或茎下部叶具极短而宽扁的柄，抱茎。聚伞花序顶生和腋生；花梗长短不相等，长0.5~3.5 cm；花4数，直径1~1.5 cm；花萼裂片椭圆形或卵形，长3（4）~6 mm，宽2~3 mm，先端通常渐尖，常具小尖头，具3脉；花冠蓝色或紫色，花冠筒长约2 mm，裂片卵圆形或椭圆形，蒴果宽卵形，长约10 mm，直径3~4 mm，上部渐狭，淡褐色；种子褐色，椭圆形或近圆形，长约2 mm，宽约1 mm。花果期7—9月。

生长于海拔1900~4100 m的林中空地、林缘草地、河谷灌丛、阴坡草地、河滩草甸。在我国分布于青海、甘肃、新疆、宁夏、陕西、西藏、云南、四川、贵州、山西、河北、内蒙古、湖北、湖南。尼泊尔、不丹、印度、俄罗斯及中亚各国也有分布。

生态地位：伴生种。

经济价值：全草入药。

疏花软紫草

Arnebia szechenyi Kanitz

多年生草本，高15~25 cm。根较粗壮，含紫色物质。茎常直立，有分枝，密被倒伏毛及杂生长硬毛。叶几无柄；长椭圆形或椭圆状长圆形至倒卵状长圆形，长0.7~2.3 cm，宽达1.1 cm，先端钝，近全缘，基部狭楔形，两面密被硬毛。镰状聚伞花序较短；苞片叶状，多少披针形；花梗长1~1.5 mm；花萼裂片线形，长约10 mm，果期伸长至15 mm；花冠黄色，筒状钟形，外面被毛，筒部长10~12 mm，檐部裂片近圆形，在裂片间常具深色斑点；雄蕊着生于花冠筒中部或喉部；子房4裂，柱头浅2裂，小坚果背面观为三角形卵状，长约3 mm，着生面占据全部基生面，三角形，腹面中线具棱，具较密疣状突起及短毛。花果期7—9月。

生长于海拔1800~2300 m的干旱山坡、河滩砾地。在我国分布于青海、甘肃、宁夏、内蒙古。

生态地位：伴生种。

属	软紫草属	Arnebia Forsk.
科	紫草科	Boraginaceae

白苞筋骨草
Ajuga lupulina Maxim.

（属）筋骨草属　Ajuga Linn.

（科）唇形科　Labiatae

多年生草本，具地下走茎。茎粗壮，直立，高18~25 cm，四棱形，具槽，沿棱及节上被白色具节长柔毛。叶柄具狭翅，基部抱茎，边缘具缘毛；叶片纸质，披针状长圆形，长5~11 cm，宽1.8~3 cm，基部楔形，下延，先端钝或稍圆，边缘疏生波状圆齿或几全缘，具缘毛，上面无毛或被极少的疏柔毛，下面仅叶脉被长柔毛或仅近顶端有星散疏柔毛。由多数轮伞花序组成假穗状；苞叶大，向上渐小、白黄、白或绿紫色，卵形或阔卵形，长3.5~5 cm，宽1.8~2.7 cm，先端渐尖，基部圆形，抱轴，全缘，上面被长柔毛，下面仅叶脉或有时仅顶端被疏柔毛；花梗短，被长柔毛；花萼钟状或略呈漏斗状，长7~9 mm，花药肾形，1室；雌蕊花柱无毛，伸出，较雄蕊略短，先端2浅裂，裂片细尖；花盘杯状，裂片近相等，不明显，前方微膨大；子房4裂，被长柔毛。小坚果倒卵状或倒卵长圆状三棱形，背部具网状皱纹，腹部中间微微隆起，具1大果脐，果脐几达腹面之半。花期7—9月，果期8—10月。

生长于海拔2900~4500 m的河岸阶地、河谷滩地、山坡草地、沟谷灌丛林缘、高寒草甸。在我国分布于青海、甘肃、西藏、四川、山西、河北。

生态地位：伴生种。

经济价值：全草入药。

宝盖草
Lamium amplexicaule Linn.

一年生草本，高10~20 cm。茎基部多分枝，四棱形，紫蓝色。茎下部叶具长柄，上部叶无柄；叶片圆形或肾形，长0.5~2 cm，宽0.7~2.5 cm，基部宽楔形，顶端圆形，边缘具圆齿，顶端的齿通常较其余的为大，两面被极稀疏的柔毛。轮伞花序6~8花；苞片披针形，具缘毛；花萼钟形，外面密被白色的长柔毛，萼齿5个，披针形，长约2 mm，边缘具缘毛；花冠紫红色或粉红色，长约1.8~2 cm，外面除上唇被有较密带紫红色的短柔毛外，余部均被微柔毛；冠筒细长，冠檐二唇形，上唇直伸，长圆形，长约4 mm，先端微弯，下唇稍长，3裂，中裂片倒心形，先端深凹，基部收缩，侧裂片浅圆裂片状；雄蕊花丝光滑，花药被长硬毛；雌蕊花柱丝状，柱头不等2浅裂，子房无毛。小坚果倒卵圆形，具3棱，淡黄褐色，表面被疣状突起。花期6—8月，果期9月。

生长于海拔2200~4300 m的田埂路边、田间、宅旁、河谷水沟边、林缘灌丛草甸。在我国分布于青海、甘肃、新疆、宁夏、陕西、四川、贵州、西藏、云南、山东、江苏、浙江、安徽、江西、福建、台湾、河南、湖北、湖南。欧洲、亚洲其他地区也有分布。

生态地位：伴生种。

经济价值：全草入药。

（属）野芝麻属　Lamium Linn.

（科）唇形科　Labiatae

独一味

Lamiophlomis rotata (Benth.) Kudo

属	独一味属	**Lamiophlomis** Kudo
科	唇形科	**Labiatae**

草本，花葶高2.5~10 cm。根茎伸长，粗厚，径达1 cm。基出叶常4枚，莲座状排列；下对叶柄伸长，可达8 cm，上对变短至无柄，密被短柔毛；叶片菱状圆形、菱形、扇形、横肾形以至三角形，长4~13 cm，宽4~12 cm，基部浅心形或宽楔形，下延至叶柄，先端钝、圆形或急尖，边缘具圆齿，上面绿色，密被白色疏柔毛，具皱纹，下面较淡，仅沿脉上疏被短柔毛，叶脉扇形。轮伞花序密集排列成有短葶的头状或短穗状花序，有时下部具分枝而呈短圆锥状，长3.5~7，花序轴密被短柔毛；苞片披针形、倒披针形或线形，长1~4 cm，宽1.5~6 mm，下部者最大，向上渐小，先端渐尖，全缘，具缘毛，上面被疏柔毛，小苞片针刺状，长约8 mm，宽约0.5 mm；花萼管状，长约10 mm，宽约2.5 mm，干时带紫褐色，花期6—7月，果期8—9月。

生长于海拔3400~4500 m的林缘草地、高寒草甸、沟谷灌丛、河滩草甸。在我国分布于青海、甘肃、西藏、云南、四川。尼泊尔、印度、不丹也有分布。

生态地位：伴生种。

经济价值：全草入药。

高原香薷
Elsholtzia feddei Levl.

属	香薷属	Elsholtzia Willd.
科	唇形科	Labiatae

细小草本，高3~20 cm。茎自基部分枝，小枝尤其是在下部的斜倚后直立，被短柔毛。叶柄长2~8 mm，扁平，被短柔毛；叶片卵形，长4~24 mm，宽3~14 mm，基部圆形或阔楔形，先端钝，边缘具圆齿，上面绿色，密被短柔毛，下面较淡或常带紫色，被短柔毛，脉上毛较长而密，腺点稀疏或不明显，叶脉在上面略凹陷，下面显著。由茎、枝顶端轮伞花序组成穗状复花序，长1~1.5 cm，花偏于一侧；苞片圆形，长宽约3 mm，先端具芒尖，外面被柔毛，脉上尤显，边缘具缘毛，内面无毛，脉紫色；花梗短，与序轴被白色柔毛；花萼管状，长约2 mm，外面被白色柔毛，萼齿5，披针状钻形，具缘毛，长短不相等，通常前2枚较长，先端刺芒状；花冠红紫色，长约8 mm，外被柔毛及稀疏的腺点，冠筒自基部向上扩展，冠檐二唇形，上唇直立，先端微缺，被长缘毛，下唇较开展，3裂，中裂片圆形，全缘，侧裂片弧形；小坚果长圆形，长约1 mm，深棕色。花果期8—11月。

生长于海拔2000~4200 m的牧畜圈棚周围、河滩草甸、田边路旁、弃荒地、山坡草丛。在我国分布于青海、甘肃、陕西、山西、河北、西藏、云南、四川。

生态地位：伴生种。

康藏荆芥
Nepeta prattii Levl.

（属）荆芥属　Nepeta Linn.

（科）唇形科　Labiatae

多年生草本，高70~90 cm。茎四棱形，具细条纹，无毛或被倒向短硬毛并杂有黄色腺点，不分枝或上部具少数分枝。下部叶具短柄，柄长3~6 mm，中部以上极短至无柄；叶卵状披针形、宽披针形至披针形，长6~8.5 cm，宽2~3 cm，基部浅心形，先端急尖，边缘具密的齿状锯齿，上面橄榄绿色，微被短柔毛，下面淡绿色，沿脉疏被短硬毛及黄色小腺点，羽状脉6~8对。轮伞花序生于茎、枝上部3~9节上，下部的远离，顶部的3~6节密集成穗状；苞叶与茎叶同形，向上渐变小，长1.2~1.5 cm，具细锯齿至全缘，苞片较萼短或等长，线形或线状披针形，微被腺柔毛、黄色小腺点和睫毛；花萼长11~13 mm，疏被短柔毛及白色小腺点，喉部极斜，上唇3齿，宽披针形或披针状长三角形，下唇2齿狭披针形，齿先端均长渐尖；花冠紫色或蓝色，长2.8~3.5 cm，外疏被短柔毛，花冠筒微弯，长于萼，向上骤然宽大成长达10 mm、宽9 cm的喉，小坚果倒卵状长圆形，长约2.7 mm，宽1.5 mm，腹面具棱，基部渐狭，褐色，光滑。花期7—10月，果期8—11月。

生长于海拔2300~3900 m的沟谷灌丛、山坡草地、河谷阶地、砾石山麓、田边。在我国分布于青海、甘肃、陕西、西藏、四川、山西、河北、内蒙古。

生态地位：伴生种。

唐古特山莨菪

Anisodus tanguticus (Maxim.) Pasher

属　山莨菪属　**Anisodus** Link et Otto

科　茄科　**Solanaceae**

多年生宿根草本，高40~120 cm，茎无毛或被微柔毛；根粗大，近肉质。叶片纸质或近坚纸质，矩圆形至狭矩圆状卵形，长8~11 cm，宽2.5~4.5 cm，稀长14 cm，宽4 cm，顶端急尖或渐尖，基部楔形或下延，全缘或具1~3对粗齿，具啮蚀状细齿，两面无毛；叶柄长1~3.5 cm，两侧略具翅。花俯垂或有时直立，花梗长2~4 cm，有时生茎上部者长约1.5 cm，茎下部者长达8 cm，常被微柔毛或无毛；花萼钟状或漏斗状钟形，坚纸质，长2.5~4 cm，外面被微柔毛或几无毛，脉劲直，裂片宽三角形，顶端急尖或钝，其中有1~2枚较大且略长，花冠钟状或漏斗状钟形，紫色或暗紫色，长2.5~3.5 cm，内藏或仅檐部露出萼外，花冠筒里面被柔毛，裂片半圆形；果实球状或近卵状，直径约2 cm，果萼长约6 cm，肋和网脉明显隆起；果梗长达8 cm，挺直。花期5~6月，果期7—8月。

生长于海拔2300~4200 m的田林路边、山谷草甸、阳坡草地、村庄周围、河岸灌丛边、高原山麓砾石地、牲畜圈窝附近、牧民定居点周围。在我国分布于青海、甘肃、西藏、云南、四川。

生态地位：伴生种。

经济价值：根是提取莨菪烷类生物碱的重要原料。根入药，有麻醉镇痛作用。

短腺小米草

Euphrasia regelii Wettst.

属　小米草属　Euphrasia Linn.

科　玄参科　Scrophulariaceae

一年生草本，高5~30 cm。茎通常不分枝，稀有分枝，直立，被白色柔毛及大头针状短腺毛。叶无柄，卵形、宽卵形或楔状卵形，中部的叶较下部者大，长5~10 mm，宽4~8 mm，基部楔形，边缘具条状锯齿，齿端钝、急尖或渐尖，呈尾状芒尖，两面疏被硬毛或大头针状短腺毛，背面边缘密被线状突起的硬毛。花序一般占茎长的1/3~2/3，果期稍伸长；苞片叶状，较叶大；花萼管状钟形，长3.5~5 mm，果期增长，裂片窄三角形，先端渐尖呈尾状，被硬毛和大头针状短腺毛；花冠白色或稍带粉红色，有紫色条纹，长5~8 mm，被白色柔毛，上唇盔状，顶端2浅裂，较下唇短，下唇裂片顶端凹缺。蒴果长圆形，长4~7 mm；种子具多数狭的纵翅。花期6—8月，果期7—9月。

生长于海拔2200~4200 m的阴坡林下、林缘草地、河滩湿地、沟谷灌丛、阶地草甸、河边沼泽化草甸。在我国分布于青海、新疆、陕西、甘肃、西藏、云南、四川、山西、内蒙古、河北、湖北。哈萨克斯坦、吉尔吉斯斯坦、塔吉克斯坦也有分布。

生态地位：伴生种。

经济价值：全草入药。

兰石草

Lancea tibetica Hook. f. et Thoms.

属　肉果草属　*Lancea* Hook. f. et Thoms.

科　玄参科　Scrophulariaceae

　　植株高1.5~5 cm，除叶柄被毛外其余无毛。根状茎细长，横走或下伸，节上有一对膜质鳞片。茎生叶几呈莲座状，具有翅的短柄或无柄；叶片倒卵形或倒卵状披针形、匙形，近革质，长1.5~6 cm，宽0.5~2.5 cm，顶端钝，常有小突尖，全缘或有疏齿，通常光滑或有时幼叶被毛，后脱落。花通常3~5朵簇生，有时伸长成总状花序；花梗长4~8 mm；苞片钻状披针形；花萼钟状，革质，长约6 mm，裂片钻状三角形，近等大，长约3 mm，果期稍增大；花冠紫色或蓝紫色，长1.3~2 cm，筒部长为花冠长度约2/3，上唇裂片稍翻卷，2深裂，下唇开展，先端3浅裂，具褶，黄白色，密被黄色长柔毛；雄蕊着生于花冠筒中部，后方2枚稍短，花丝无毛；柱头扇状。果红色或深紫色，卵球形，长约1 cm，宽约0.5 cm，包于宿存的花萼内。种子多数，棕黄色，长约1 mm。花期6—8月，果期8—9月。

　　生长于海拔2200~4600 m的湖盆河谷草甸、高山灌丛、高寒草甸、河漫滩湿沙地、弃耕地、砾石滩地、林缘灌丛、河边草地、疏林内。在我国分布于青海、甘肃、陕西、西藏、云南、四川。印度也有分布。

　　生态地位：伴生种。

　　经济价值：全草入药。

阿拉善马先蒿

Pedicularis alaschanica Maxim.

属 马先蒿属 Pedicularis Linn.

科 玄参科 Scrophulariaceae

多年生草本，高5~25 cm。根圆柱形，有须状侧根或分枝。茎由基部发出数条，上部不分枝，中空，略有4棱，被4条毛线。叶下部者对生，上部者3~4枚轮生；叶柄扁平，与叶片几等长，两边有翅，被毛；叶片披针状长圆形或卵状长圆形，长2~2.5 cm，宽0.7~1.2 cm，羽状全裂，裂片线形而疏距，边有钝齿，齿有白色胼胝，有时反卷。花序穗状，下部花轮常间断；苞片叶状，明显下部长于花，柄膨大膜质变宽，中上部者渐变短，等长于或略短于花；花萼长圆形，膜质，常9~15 mm，花期后膨大，前方开裂至1/2，具10脉，脉上被长柔毛，齿5枚，后方1枚较短三角形，全缘或有细锯齿，其余三角状披针形而长，有锯齿，齿端具胼胝而反卷；花冠黄色，长（15）18~22 mm，雄蕊花丝着生于管的基部，前方1对上部被疏密不等的长柔毛；花柱伸出或不伸出。花期6—9月。

生长于海拔2300~4300 m的干旱阳坡、河谷沙地、田林路边、沙砾山坡、湖滨砾地、草甸化草原、河漫滩。在我国分布于青海、新疆、甘肃、宁夏、西藏、四川、内蒙古。

生态地位：建群种、优势种、伴生种。

经济价值：带果全草入药。

半扭转马先蒿

Pedicularis semitorta Maxim.

属　马先蒿属　Pedicularis Linn.

科　玄参科　Scrophulariaceae

　　一年生草本，高15~55 cm。根圆锥形而细，侧根生于近端处，须状。茎单条或从根茎生出多条，中空，粗者径达7 mm，有多条毛线，不分枝或在上部分枝。叶基生者早枯，具长柄，茎生叶3~5枚轮生，最下部之叶柄与基生叶叶柄等长，向上缩短；叶片线状长圆形或卵状长圆形，长达6 cm，宽达2.5 cm，羽状全裂，裂片长短不一，羽状深裂，裂片不规则，有锯齿，两面无毛，边缘锯齿有胼胝。花序穗状，下部花轮远距；苞片短于花，下部者叶状，上部变小，掌状3裂，基部扩大膜质；花萼狭卵形，长7~9 mm，前方开裂至1/2，齿5枚，线形而偏聚后方；花冠黄色，管部直立，长7~11 mm，喉部稍扩大而向前俯，下唇宽卵形，常宽过于长，长约11 mm，宽约12 mm，裂片卵圆形，先端圆钝，中裂片稍小，与侧裂片互不盖叠，雄蕊花丝着生管的中部，2对均在中部以下被长柔毛；花柱伸出喙端。蒴果斜尖卵形，有黑色种阜，具纵网纹，一侧有狭翅。花果期7—9月。

　　生长于海拔3200~3900 m的沟谷山坡高寒草甸、石砾山坡草地、河谷阶地砾石质高寒草甸、山地阴坡高寒灌丛草甸、宽谷河滩草地。在我国分布于青海、甘肃、四川。

　　生态地位：优势种、伴生种。

多齿马先蒿
Pedicularis polyodonta Li

属　马先蒿属　Pedicularis Linn.

科　玄参科　Scrophulariaceae

多年生草本，高6~15 cm，茎单出或自基部分枝，密被褐色柔毛。叶2~4枚，对生，最下部都有长达1.8 cm的柄，上部近无柄，宽大；叶片三角状线形或卵状披针形，长1~2.5 cm，宽0.5~1.1 cm，基部圆形至近心形，浅裂，裂片具圆齿，两面被较密长毛。花序紧密，有时最下部花轮具7 cm的间距；苞片叶状，基部宽；花萼管状钟形，长1~1.3 cm，密被柔毛，前方不开裂，齿25枚，后方1枚狭小，全缘，余者上部略膨大而具反卷之齿；花冠黄色，长（19）22~25 mm，花管直立，与花萼近等长，喉部被长柔毛，盔弓曲，向上渐宽，额部具明显波状鸡冠状凸起，下缘有齿3~5对，下唇短于盔，裂片近圆形，近等大或中裂片稍大，基部缢缩，边缘啮蚀状，中部有两条高凸之褶；花丝无毛，基部及着生处疏被短毛。蒴果长约1.5 cm；种子长约1.5 mm，具纵网纹。花果期7—9月。

生长于海拔3000~4200 m的高寒草甸、阴坡灌丛、河谷林缘、林间草地、沙砾河滩草地、向阳山坡、河谷阶地。在我国分布于青海、甘肃、四川。

生态地位：伴生种。

毛颏马先蒿
Pedicularis lasiophrys Maxim.

属	马先蒿属	Pedicularis Linn.
科	玄参科	Scrophulariaceae

多年生草本，高5~25 cm。丛生于根茎周围，根须状，下连细长鞭状的根茎，而深入地下的粗根茎未见。茎直立，不分枝，有条纹，沿纹被卷曲毛。叶互生，下部者发达，有短柄，向上渐疏且变小，无柄，中上部几无叶；叶片线状披针形或线状长圆形，长1.5~3.5 cm，宽2~7 mm，先端钝或急尖，边缘有羽状裂片或锯齿，裂片或齿的两侧全缘，顶端有重齿或小裂片。花序稍伸长为短总状或不伸长为头状，通常排列较紧密，有时下部稍疏；苞片线状披针形至三角状披针形，边全缘，密被腺毛；花具短梗；花萼钟形，长6~8 mm，密被褐色腺毛，前方稍微开裂，齿5枚，三角形，近相等，长3~4 mm；花管淡黄色或鲜黄色，长13~15 mm，管直立，稍长于萼，无毛，下唇开展，裂片近圆形，有短柄，有极疏的缘毛或无缘毛，盔卵形，顶端以直角弯曲，前额与颏部及下缘密被黄色柔毛，先端细缩成稍微下弯而光滑的喙，喙长约3 mm；雄蕊花丝2对均无毛，或仅基部稍有疏毛；花柱不伸出或稍伸出。花期7—8月。

生长于海拔2500~4800 m的高寒草甸、高寒灌丛、河谷阶地草甸、沙砾河滩、沼泽滩地、林缘灌丛、林下草地、公路边、岩石缝中、高山碎石带。在我国分布于青海、甘肃。

生态地位：伴生种。

扭旋马先蒿

Pedicularis torta Maxim.

属	马先蒿属 Pedicularis Linn.
科	玄参科 Scrophulariaceae

多年生草本，高30~50 cm。茎自根茎处发出数条，偶尔基部有分枝，近光滑。叶互生或假对生，基生叶早枯，茎生叶具长1.5~3 cm的柄，叶片长圆形，长3~13 cm，宽1~2.8 cm，羽状全裂，裂片浅裂，小裂片有齿，齿端具刺尖。花序多花而密，下部者于花期后疏离；苞片下部者羽裂，上部者掌裂；花萼管状钟形，长约6 mm，前侧开裂至管部一半，齿3枚，基部缢缩成柄，后方1枚较窄，侧方两枚掌状分裂而较宽，齿端均具刺尖；花冠除盔部紫色外，淡黄色，管部长9~11 mm，外面被柔毛，盔自含雄蕊部分顶端强烈扭转向下，前方渐狭成扭旋一环的长喙，顶部有狭的鸡冠状凸起，下唇近圆形，宽过于长，长7~8 mm，宽14~16 mm，基部深心形，具缘毛，中裂片甚小于侧裂片，近倒心形而有柄；花丝2对中部密被多节长毛。蒴果尖卵形，长约13 mm；种子长肾形，长约3 mm，表面具细纵网纹。花期7—8月，果期8—9月。

生长于海拔2300~2700 m的河边草地、疏林草甸。在我国分布于青海、甘肃、四川、湖北。

生态地位：伴生种。

青藏马先蒿
Pedicularis przewalskii Maxim.

属 马先蒿属 Pedicularis Linn.

科 玄参科 Scrophulariaceae

多年生草本，高5~15 cm。根多数，稍纺锤形，略肉质而细长，并有细根。茎单一或由根茎发出2~3条，直立，在有些植株中仅近基部无花，其余全部成为花序。叶基生者和下部茎生者发达，具长达30 mm的柄，柄膜质变宽，通常光滑无毛，或有时被稀疏缘毛，上部茎生叶柄较短；叶片披针状或线状长圆形，长达4 cm，宽达8 mm，质厚，羽状浅裂，裂片呈圆齿，齿端有胼胝，缘常强烈反卷，通常无毛。花序密集，有时仅有2~3朵花；花梗长达15 mm；苞片叶状，长于或近等于花萼；花萼瓶状卵圆形，管口缩小，长达18 mm，前方开裂达中部，沿口部边缘被长毛，外面被较多的长毛，齿5枚，聚于后方不等大，具短柄，上部膨大为宽卵形，具小裂片及锯齿；花冠紫红色，喉部常为黄白色，管部长28~50 mm，外面被长毛，雄蕊花丝2对密被毛，有时后方1对疏被毛；花柱不伸出。花期6—8月。

生长于海拔3100~4900 m的沟谷林缘、高寒草甸、阴坡灌丛、河湖水边草甸。在我国分布于青海、甘肃、西藏、四川。

生态地位：伴生种。

绒舌马先蒿

Pedicularis lachnoglossa Hook. f.

（属）	马先蒿属　Pedicularis Linn.
（科）	玄参科　Scrophulariaceae

多年生草本，高约30 cm，干时变黑。根肉质，萝卜状；根茎上具残存枯叶柄。茎自根茎顶端抽出，多条，直立，有条纹，被褐色柔毛。叶多基生成丛，茎生者互生，很不发达，有时仅1~2枚；叶柄扁平，长3~6 cm，基部鞘状变宽，具缘毛；叶片线状披针形，长4~9 cm，宽0.6~0.8 cm，羽状全裂，裂片线形，多达50对，以中部者为最长，缘羽状裂至为钝齿，齿有胼胝。花序总状，顶生，长约15 cm，花有疏距；苞片窄披针形，长渐尖，边缘齿翻卷，下部者长于花，上部者短于花，花萼圆筒状长圆形，长约9 mm，在前方稍开裂，脉上疏被长毛或无毛，齿5，线状披针形，全缘或不明显锯齿，被紫色长缘毛；花管淡紫红色至紫红色，长13~15 mm，管部圆筒状，中部以上向前稍弓曲，雄蕊花丝2对均无毛。花柱不伸出或伸出喙端。花期7月。

生长于海拔3500~4300 m的沟谷灌丛草甸、林缘草地、河谷滩地、沼泽草甸、山坡草地。在我国分布于青海、西藏、云南、四川。印度也有分布。

生态地位：伴生种。

碎米蕨叶马先蒿

Pedicularis cheilanthifolia Schrenk

属　马先蒿属　Pedicularis Linn.

科　玄参科　Scrophulariaceae

多年生草本，高30~40 cm，干时稍变黑。根茎粗壮，被少数鳞片，根圆锥状稍肉质。茎有时带紫红色，单出直立或从基部发出数枝，一般不分枝，有4条纵深沟及毛线。叶基出者丛生，具长柄，柄长2.5~3.5 cm，宿存；茎生叶3~4枚轮生，具长0.5~3 cm的柄；叶片线状披针形，长1~3.5 cm，羽状全裂，裂片卵状披针形或线状披针形，羽状浅裂，小裂片具齿。花序穗状，紧密，下部花轮有疏距；苞片叶状，下部者与花等长；花萼长圆状钟形，长9~12 mm，花冠颜色多变，自紫红色一直变至纯白色，长20~25 mm，管部在萼内膝曲，其喉部内面具毛线及腺点，雄蕊花丝2对上部无毛，仅基部及着生处被毛花柱伸出喙端。花果期6—9月。

生长于海拔2500~5400 m的高寒草原、山坡砾地、湖滨草甸、河谷杨树林下、云杉林下、河滩地、路边、高寒草甸裸地、高山灌丛、林缘草甸。在我国分布于青海、甘肃、新疆、西藏、四川。中亚各国也有分布。

生态地位：伴生种。

硕大马先蒿

Pedicularis ingens Maxim.

(属) 马先蒿属　Pedicularis Linn.

(科) 玄参科　Scrophulariaceae

多年生草本，高13~110 cm。生于根茎枝上的根须状，根茎下连接着细长鞭状根茎，深入地下的粗根萝卜状肉质。茎直立，中空，粗壮，有条纹，通常不分枝。叶互生，下部者早枯，茎中间者大，向上渐短为苞片，无柄；叶片线形，长3~11 cm，宽5~15 mm，边缘有小缺刻状重锯齿，齿端尖锐而有胼胝，两面均无毛，基部耳状抱茎。花序总状，长可达到植株长度的1/2，密集；苞片叶状，通常下部等于或长于花，向上渐短，较花短；花萼筒状钟形，长9~16 mm，齿5枚，近相等，具细锯齿，与苞片同被密粗毛或多节长毛；花冠黄色，长2~3 cm，柱头稍伸出。蒴果卵圆形，长13~16 mm，端有小尖头，全部为宿萼所包。种子长圆形，灰白色，长达3 mm，种阜黄色，有蜂窝状孔纹。花期7—8月，果期8—9月。

生长于海拔3200~4600 m的山谷草甸、河边灌丛、河谷阶地、山坡草地、高寒草甸、公路边。在我国分布于青海、甘肃、西藏、四川。

生态地位：伴生种。

细穗玄参
Scrofella chinensis Maxim.

属 细穗玄参属　Scrofella Maxim.

科 玄参科　Scrophulariaceae

多年生草本，高17~45 cm。根状茎细长，斜走。茎直立，常单一，不分枝或稀有分枝，光滑。叶互生，无柄，下部稠密，有时稍带红褐色；叶片线状披针形、披针形或窄倒披针形，长1~5.5 cm，宽5~10 mm，先端钝或渐尖，基部半抱茎，中脉明显，全缘，通常无毛或有幼叶被白色柔毛。花序穗状，顶生，花密集，长4~10 cm，花序轴、苞片、花萼裂片均被细腺毛；花梗短，长不及1 mm；苞片金黄色，钻形；花萼5深裂，长约2.5 mm，膜质，果期呈金黄色，裂片后方1枚较小；花冠黄绿色或浅黄色，果期为黑绿色，长约4 mm，筒部坛状，与檐部等长，花柱短，柱头稍扩大，短棒状。蒴果卵状锥形，4片裂。种子多数，扁圆形，表面具蜂窝状透明的厚种皮。花期7—8月，果期9月。

生长于海拔3100~3900 m的沟谷林下、高山灌丛、河滩草地、沼泽草甸、宽谷滩地、林缘草地。在我国分布于青海、甘肃、四川。

生态地位：伴生种。

青海玄参
Scrophularia przewalskii Batal.

| 属 | 玄参属 | Scrophularia Linn. |
| 科 | 玄参科 | Scrophulariaceae |

多年生草本，有时 5 cm 即开花，高者可达 30 cm。根状茎细长或较粗，节部稍膨大。茎幼时近圆柱形，果期明显为四棱形，棱上具狭翅，通常直立，在中上部二枝或分枝，顶端为花序枝，被疏密不等的腺毛。叶均对生，最下部者为淡褐色鳞片状，线状披针形，长达 1.5 cm，宽达 2.5 mm，中部以上叶片匙形、卵形或椭圆形，长 1.5~5 cm，宽 1~2.5 cm，边缘具锯齿，基楔形或渐狭或柄，被腺毛；叶柄长达 2 cm，具狭翅，被腺毛。聚伞花序密集（果期有时疏松，延伸），顶生，较短于营养枝（果期明显短于），先于营养枝发育；苞片叶状；总花梗长达 6 cm（花初期短，逐渐延伸）；花冠黄色，长 1.4~1.8 cm，花冠筒长约 10 mm，明显弯曲，外面被短腺毛，上唇长达 7 mm，裂片近圆形，下唇长达 3.5 mm；子房卵形，长 3~5 mm，花柱长 7~9 mm。蒴果尖卵圆形，长 9~12 mm（连同尖喙）。种子小，黑色，长约 1 mm，表面具小颗粒状突起。花果期 6—8 月。

生长于海拔 3900~4600 m 的山沟流水附近砾地、多石砾阳坡及宽叶荨麻丛中。在我国分布于青海。

生态地位：伴生种。

白花刺参
Morina alba Hand.-Mazz.

多年生草本，高10~40 cm。根稍肉质，垂直向下，不分枝。茎直立，由基部丛生出无性枝和有性枝，无性枝矮，不明显，有性枝侧生，明显较高，被数行纵列柔毛。基生叶生于无性枝上，近丛生，较大，茎生叶对生，较小，形状相同，全部叶为线状披针形，长3~18 cm，宽0.7~1.3 cm，先端渐尖，全缘，具疏离的针刺，基部下延成鞘状抱茎，两面无毛，叶脉单行，轮伞花序，多轮，密集顶端呈假头状，有时下部一轮疏离，每轮纵苞片2，总苞片卵状披针形或披针形，先端长渐尖，疏离的一轮总苞片长于花，密集的总苞片短于花，边缘具疏刺；小总苞片筒状，先端近平截，被长短不同的刺和短毛，表面光滑；花萼绿色，口部斜裂，上部有长的3齿。下部2齿短，略长于花萼；花冠白色，长约2 cm。冠筒细，外弯。被细毛，先端5裂。裂片顶端又2浅裂。花果期6—9月。

生长于海拔2800~4400 m的山坡灌丛、高寒草甸、宽谷湖盆草甸、河谷砾地、山坡草地。在我国分布于青海、甘肃、西藏、云南、四川。

生态地位：优势种、伴生种。

经济价值：带根嫩苗入药。

属	刺参属	Morina Linn.
科	川续断科	Dipsacaceae

圆萼刺参

Morina chinensis (Bat.) Diels

属	刺续断属	**Morina** Linn.
科	川续断科	**Dipsacaceae**

多年生草本，高15~80 cm。根稍肉质，主根垂直向下，不分枝。茎直立，有纵沟，被白色茸毛，有的上部带紫色，基部有残存老叶，有的撕裂呈纤维状，基生叶丛生，茎生叶轮生，每轮4~6叶，全部叶线状披针形，长4~12 cm，宽1~1.5 cm，先端渐尖，边缘羽状浅裂或中裂，裂片近三角形，边缘和先端具刺，两面无毛，中脉细，无柄，轮生叶的基部合生。轮伞花序顶生，有6~11轮，花期密接，果实疏离；总苞片4，披针形或卵状披针形，长1.5~2 cm，先端长渐尖，边缘和先端具刺，近无毛，向外平展；小总苞筒状，长约1 cm，筒口平截，边缘生长短不一的硬刺，仅2条硬刺较长，外被明显的长柔毛；花萼二唇形，长约1 cm，明显露出小总苞之外，每唇片先端2浅裂，近长圆形或微凹，先端钝圆，无刺尖，外面无毛；花冠二唇形，短于花萼，淡绿色，疏柔毛。瘦果长圆形，长2~3 cm，表面有皱纹。花果期6—9月。

生长于海拔2200~4800 m的河谷灌丛中、高寒草甸、山坡草地、山沟林中空地、河滩草地。在我国分布于青海、甘肃、四川、内蒙古。

生态地位：建群种、优势种、伴生种。

经济价值：种子可入药。

狭舌多郎菊
Doronicum stenoglossum Mxaim.

属 多郎菊属 Doronicum Linn.

科 菊科 Compositae

多年生草本，根状茎短，较细，非块状。茎单生，直立，高50~100 cm，不分枝，或稀上部有寻状花序枝，上部被白色疏或较密柔毛，杂有短腺毛。全部具叶；基部叶在花期常凋落，椭圆形或长圆状椭圆形，长8~10 cm，宽3~4 cm，顶端钝尖或短渐尖，基部楔状渐狭成长3~6 cm的叶柄；下部茎叶长圆形或卵状长圆形，长4~10 cm，宽2.5~4 cm，基部渐狭成具狭翅的叶柄，上部茎叶无柄，卵状披针形或披针形，长3~12 cm，宽1.5~3.5 cm，基部心形半抱茎，或下半部收缩呈提琴状，全部叶膜质，边缘有细尖齿或近全缘，两面特别沿脉有短柔毛及短腺毛。头状花序小，直径2~2.5 cm，生于茎枝顶端，通常2~10个排列成总状花序；花序梗，长1~1.5 cm，短圆锥状，被密腺柔毛及长柔毛。总苞半球形或宽钟状，长达1.5 cm，总苞片2~3层，披针形或线状披针形，宽0.5~1.5 mm，顶端长渐尖，常长于花盘，绿色，外面下部有疏或较密长柔毛及腺毛，上部近无毛或无毛。花期7—9月。

生长于海拔2700~4300 m的沟谷灌丛、山坡林下、林缘草地。在我国分布于青海、甘肃、西藏、云南、四川。

生态地位：伴生种。

褐毛垂头菊

Cremanthodium brunneopilosum S. W. Liu

| 属 | 垂头菊属 Cremanthodium Benth. |
| 科 | 菊科 Compositae |

多年生草本，全株灰绿色或蓝绿色。根肉质，粗壮，多数。茎单生，直立，高达1 m，最上部被白色或上半部白色，下半部褐色有节长柔毛（在果期均变成褐色），下部光滑，基部直径达1.5 cm，被厚密的枯叶柄包围。丛生叶多达7枚，与茎下部叶均具宽柄，柄长6~15 cm，宽1.5~2.5 cm，光滑，基部具宽鞘，叶片长椭圆形至披针形，长6~40 cm，宽2~8 cm，先端急尖，全缘或有骨质小齿，基部楔形，下延成柄，上面光滑，下面至少在脉上有点状柔毛，叶脉羽状平行或平行；茎中上部叶4~5，向上渐小，狭椭圆形，基部具鞘；最上部茎生叶苞叶状，披针形，先端渐尖。头状花序辐射状，下垂，1~13，通常排列成总状花序，偶有单生，花序梗长1~9 cm，被褐色有节长柔毛；总苞半球形，长1.2~1.6 cm，宽1.5~2.5 cm，被密的褐色有节长柔毛，基部具披针形至线形、草质的小苞片，总苞片10~16，2层，披针形或长圆形，瘦果圆柱形，长约6 mm，光滑。花果期6—9月。

生长于海拔3300~4300 m的高山沼泽草甸、湖滨湿沙地、河谷滩地、高寒草甸。在我国分布于青海、甘肃、西藏、四川。

生态地位：优势种、伴生种。

华蟹甲草

Sinacalia tangutica (Maxim.) B. Nord.

多年生草本，高30~90 cm。根状茎末端块状，具不定根。茎直立，被短腺状毛。基部叶在花期常枯落；中部叶大，全形为卵形或卵状心形，长5~14 cm，宽至12 cm，羽状深裂，裂片3~4对，具羽状浅裂片或大齿；上部叶小；全部叶上面被腺状短毛，下面被腺状短毛和蛛丝状毛，叶脉羽状。圆锥状总状花序；头状花序辐射状：总苞狭筒形，长至8 mm，宽约3 mm；总苞片4~5，长圆形，宽约1 mm，先端急尖，边缘膜质；舌状花2~3，舌片线形，长至10 mm，管部长约6 mm；管状花4~5，长约7 mm，檐部5裂。瘦果无毛；冠毛白色，与管状花等长。花果期7—9月。

属	华蟹甲草属 Sinacalia H. Robins. et Bretell
科	菊科　Compositae

生长于海拔2300~2800 m的河沟水边、河滩草甸、沟谷林缘边、山坡林下、灌丛草甸。在我国分布于青海、甘肃、宁夏、陕西、山西、四川、湖北。

生态地位：优势种、伴生种。

经济价值：块状根茎入药。

黄帚橐吾

Ligularia virgaurea (Maxim.) Mattf.

属	橐吾属　Ligularia Cass.
科	菊科　Compositae

　　多年生灰绿色草本。根肉质，多数，簇生。茎直立，高15~80 cm，光滑，基部直径2~9 mm，被厚密的褐色枯叶柄纤维包围。丛生叶和茎基部叶具柄，柄长达21.5 cm，全部或上半部具翅，翅全缘或有齿，宽窄不等，光滑，基部具鞘，紫红色，叶片卵形、椭圆形或长圆状披针形，长3~15 cm，宽1.3~11 cm，先端钝或急尖，全缘至有齿，边缘有时略反卷，基部楔形，有时近平截，突然狭缩，下延成翅柄，两面光滑，叶脉羽状或有时近平行；茎生叶小，无柄、卵形、卵状披针形至线形，长于节间，稀上部者较短，先端急尖至渐尖，常筒状抱茎。总状花序长4.5~22 cm，密集或上部密集，下部疏离；苞片线状披针形至线形，长达6 cm，向上渐短；花序梗长3~10（20）mm，被白色蛛丝状柔毛；头状花序辐射状，常多数，稀单生；瘦果长圆形，长约5 mm，光滑。花果期7—9月。

　　生长于海拔2700~4700 m的高寒草甸裸地、沼泽边缘、山麓沙砾草地、退化的高寒草原、湖滨沙砾滩、沟谷溪边、河谷阶地、山坡泉水边。在我国分布于青海、甘肃、西藏、云南、四川。尼泊尔、不丹也有分布。

　　生态地位：建群种、优势种、伴生种。

　　经济价值：嫩苗入药。

褐毛橐吾
Ligularia purdomii (Turrill) Chitt.

多年生高大草本。根肉质，条形，多数，簇生。茎直立，高达150 cm，被褐色有节短柔毛，具多数细条棱，基部直径1~2 cm，被密的枯叶柄包围，其直径可达5 cm。丛生叶及茎基部叶具柄，柄长达50 cm，紫红色，粗壮，直径达1 cm，被褐色有节短毛，基部具长而窄的鞘，叶片肾形或圆肾形，直径14~50 cm，或宽大于长，盾状着生，先端圆形或凹缺，边缘具整齐的浅齿，齿小，先端具软骨质小尖头，基部弯缺窄，长为叶片的1/3，两侧裂片圆形，近于覆盖，叶质厚，上面绿色，光滑，下面被密的褐色短柔毛，叶脉掌状，主脉5~9，网脉细而明显；茎中部叶与下部者同形，较小，宽达18 cm，先端深凹，叶柄短，具极度膨大的叶鞘，鞘长7~10 cm，直径达10 cm，被密的褐色有节短柔毛；最上部叶仅有膨大的鞘。大型复伞房状聚伞花序长达50 cm，具多数分枝，分枝密被褐色有节短毛，具3~7个头状花序；瘦果圆柱形，长达7 mm，有细肋，光滑。花果期7—9月。

生长于海拔3600~4100 m的高山沼泽草甸、河边草甸、沼泽浅水处。在我国分布于青海、甘肃、四川。

生态地位：伴生种。

经济价值：根和叶入药。

属 橐吾属 *Ligularia* Cass.

科 菊科 Compositae

箭叶橐吾

Ligularia sagitta (Maxim.) Mattf.

属	橐吾属 Ligularia Cass.
科	菊科 Compositae

多年生草本。根肉质，细而多。茎直立，高25~70 cm，光滑或上部及花序被白色蛛丝状毛，后脱毛，基部直径达1 cm，被枯叶柄纤维包围。丛生叶与茎下部叶具柄，柄长4~18 cm，具狭翅，翅全缘或有齿，被白色蛛丝状毛，基部鞘状，叶片箭形、戟形或长圆状箭形，长2~20 cm，基部宽1.5~20 cm，先端钝或急尖，边缘具小齿，基部弯缺宽，长为叶片的1/4~1/3，两侧裂片开展或否，外缘常有大齿，上面光滑，下面有白色蛛丝状毛或脱毛，叶脉羽状；茎中部叶具短柄，鞘状抱茎，叶片箭形或卵形，较小；最上部叶披针形至狭披针形，苞叶状。总状花序长6.5~40 cm；苞片狭披针形或卵状披针形，长6~15 mm，宽至7 mm，稀较长而宽，长达6.5 cm，先端尾状渐尖；花序梗长5~70 mm；头状花序多数，辐射状；瘦果长圆形，长2.5~5 mm，光滑。花果期7—9月。

生长于海拔1900~4000 m的高寒草甸、沙砾山坡、沟谷林缘、河岸灌丛草甸、河滩疏林下、渠岸溪边、田边荒地。在我国分布于青海、甘肃、宁夏、西藏、四川、山西、河北、内蒙古、黑龙江。

生态地位：优势种、伴生种。

经济价值：根和叶入药。

乳白香青
Anaphalis lactea Maxim.

属	香青属 Anaphalis DC.
科	菊科 Compositae

多年生草本，高10~40 cm。根状茎粗壮，木质，多分枝，不育枝顶端有莲座状叶丛。茎直立，稍粗壮，不分枝，被白色或灰白色棉毛。莲座状叶倒披针状或匙状长圆形，长4~13 cm，宽0.5~2 cm，下部渐狭成具翅的叶柄；茎生叶贴生，长椭圆形，线状披针形或线形，长2~8 cm，宽0.8~1.3 cm，顶端尖或急尖，有褐色小尖头，基部稍狭，沿茎下延成狭翅；全部叶被白色或灰白色密棉毛，具1~3脉。头状花序多数，密集呈复伞房状，花序梗长2~4 mm；总苞钟状，长6 mm，稀5或7 mm，径5~7 mm；总苞片4~5层，外层卵圆形，长约3 mm，浅或深褐色，被蛛丝状毛；中层卵状长圆形，长约6 mm，宽2~2.5 mm，乳白色，顶端圆形；内层狭长圆形，长约5 mm。雌雄同株或异株。花冠长3~4 mm；冠毛较花冠稍长。瘦果圆柱形，长约1 mm，近无毛。花果期7—9月。

生长于海拔2600~4700 m的高寒草原、河谷砾地、高寒草甸、山谷滩地、山坡草甸、山顶岩缝、沟谷灌丛、山坡及河滩林下、林缘灌丛、河边草甸、田边荒地。在我国分布于青海、甘肃、四川、内蒙古。

生态地位：优势种、伴生种。

经济价值：全草入药。

星状风毛菊
Saussurea stella Maxim.

多年生无茎草本，一次结实，全株光滑无毛。根粗壮，倒圆锥状，根茎部密被棕色残存枯叶柄。叶全部基生，莲座状，线状披针形，星状辐射排列，长3~8 cm，宽0.3~1 cm，全缘，先端长渐尖，基部增宽，上部绿色，中部以下常显紫红色。头状花序无梗，多数，在莲座状叶丛中密集呈半球形。总苞圆柱形，宽8~10 mm；总苞片5层，顶端常显暗紫色；中外层总苞片长圆形，长8~12 mm，宽3~5 mm，有缘毛，先端圆形；内层总苞片线形，长14 mm，宽2 mm，先端钝。花紫红色，花冠长14~20 mm，檐部5裂达中部，细管部稍长于或等长于檐部。瘦果长5 mm，光滑，顶端具膜质小冠；冠毛污白色或淡褐色，外层长3~5 mm，内层长12~18 mm。花果期7—9月。

生长于海拔2450~4500 m的河滩草甸、河沟水边、高山阴湿山坡、高寒沼泽草甸。在我国分布于青海、甘肃、西藏、云南、四川。印度、不丹也有分布。

生态地位：伴生种。

经济价值：全草入药。

属	风毛菊属	Saussurea DC.
科	菊科	Compositae

杯花韭

Allium cyathophorum Bur. et Franch.

属	葱属 Allium Linn.
科	百合科 Liliaceae

多年生草本。高15~50 cm。鳞茎单生或数枚聚生，圆柱形，具许多粗根；鳞茎外皮灰褐色，条状破裂，常呈近平行的纤维状；叶条形，扁平，通常比花葶短，有时等长或稍长，宽2~7 mm，背面叶脉呈龙骨状突起。花葶圆柱形，具2纵棱，下部被叶鞘；伞形花序具多数花，松散；总苞膜质，单侧开裂，宿存；花梗长1~2 cm，果期略伸长，长达3 cm，基部无小苞片；花紫红色或深紫色；花被片长圆形或椭圆形，长7~9 mm，宽2~4 mm，先端钝圆，内轮花被片稍长；花丝比花被片短，内藏，2/3~3/4合生呈管状，内轮花丝分离部分的基部常呈肩状扩大，外轮的为狭三角形；子房卵球形，表面具细的突起。花柱不伸出花被，柱头3浅裂。花期6—8月，果期8—9月。

生长于海拔3360~4400 m的山坡林下、林缘草地、河岸石隙、阴坡灌丛。在我国分布于青海、西藏、云南、四川。

生态地位：优势种、伴生种。

经济价值：可食用。

太白韭

Allium prattii C. H. Wrightex Hemsl.

属 葱属 Allium Linn.

科 百合科 Liliaceae

多年生草本。高10~50 cm。鳞茎常单生，有时2~3枚聚生，近圆柱状；鳞茎外皮黄褐色、灰褐色或黑褐色，分裂成纤维状，形成明显的网状。叶通常2枚，稀3枚，近似对生或互生，长披针形或椭圆状披针形，较花葶短，长达38 cm，宽0.5~3.5 cm，先端渐尖，基部渐尖收窄为不明显的叶柄，有时为紫红色。花葶圆柱形，直径2~5 mm，下部被叶鞘；总苞1~2枚，宿存；伞形花序球形，具多而密集的花；花梗近等长，果期花梗延伸，长达3 cm，无小苞片；花紫红色或淡红色；花被片长圆形或卵状长圆形，长4~6 mm，宽约1.5 mm，先端钝，外轮的花被片较宽稍短，先端凹缺；花丝较花被片长伸出花被外，基部合生并与花被片贴生，内轮花丝狭卵状长三角形，基部扩大，外轮的锥形；子房球形，具3圆棱，基部收狭成短柄。蒴果开裂，每室具1枚种子。花期7月，果期8—9月。

生长于海拔3600~4400 m的沟谷林下、高山流石滩、林缘灌丛、河谷阶地石隙、山坡草丛。在我国分布于青海、甘肃、陕西、西藏、云南、四川、河南、安徽。印度、尼泊尔、不丹也有分布。

生态地位：优势种、伴生种。

经济价值：全草入药。

广布红门兰

Orchis chusua D. Don.

属	红门兰属　Orchis Linn.
科	兰科　Orchidaceae

　　植株高 10~30 cm。块茎椭圆形或近球形，直径 0.5~1.5 cm。茎直立，纤细，无毛，基部具棕色膜质卵圆形叶鞘。叶 1~3，长圆形、长圆状披针形或线形，长 3~6 cm，宽 0.5~1.5 cm，顶端急尖或渐尖，基部渐窄呈鞘状，抱茎，全缘，两面无毛。花葶直立，顶端数花排列成总状花序，花多偏向一方；苞片披针形，草质；花紫红色或紫色，中萼片近长圆形或卵状披针形，长约 8 mm，宽约 3 mm，直立，顶端钝，侧萼片呈斜歪状长卵形，长约 9 mm，宽约 4 mm，顶端钝，背折，花瓣直立，斜卵形，较中萼片短而稍宽，顶端微尖，与中萼片靠合呈兜状，子房圆柱状纺锤形，长约 1 cm，弓曲，扭转，无毛。花期 7—8 月。

　　生长于海拔 1800~4000 m 的河滩草甸、山坡林下、沟谷林缘、灌丛草甸、河沟水边草地。在我国分布于青海、甘肃、新疆、陕西、西藏、云南、四川、内蒙古、吉林、黑龙江、湖北、台湾。日本、俄罗斯、尼泊尔、不丹、缅甸、印度也有分布。

　　生态地位：伴生种。

藏狐
Vulpes ferrilata Hodgson, 1842

体形与赤狐相近，但耳短小；毛被致密、柔软，毛短而略卷曲。背部浅灰色或浅红棕色；腹部白色；尾形粗短，尾毛蓬松，除尾尖白色外其余灰色。

栖息于海拔2500~5200 m的高山草甸、荒漠草原或荒坡。穴居，除繁殖季节外多单独活动，晨昏活动。食物主要为小型啮齿动物、野兔及地栖鸟类。2月末开始交配，4—5月产崽，每胎产2~5崽。

在我国分布于西藏、青海、甘肃、新疆、四川、云南。国外见于印度、尼泊尔。

	属	狐属	Vulpes
	科	犬科	Canidae

- 《国家重点保护野生动物名录》：Ⅱ级
- 《中国物种红色名录》：近危(NT)
- 《世界自然保护联盟濒危物种红色名录》（IUCN）：无危(LC)

棕熊
Ursus arctos Linnaeus, 1758

属	熊属	Ursus
科	熊科	Ursidae

体形大而粗壮，肩部显著隆起。头宽而圆，吻部较长，眼小，尾短，爪长而弯曲，毛被厚密而长。体毛色彩变异较大，包括棕红色、棕褐色和棕黑色。

栖息于亚寒带针叶林或针阔混交林中，青藏高原见于海拔4500~5000 m的高寒草甸草原区。除繁殖期外，雌雄均单独活动；有冬眠习性。杂食性，以小型兽类、鱼类、蛙类、鸟卵、昆虫、蜂蜜及腐尸等为食，也吃野果、青草、嫩芽、树根、种子等植物性食物。隔年生殖1胎，夏季开始繁殖，在冬眠洞中产崽，每胎产1~3崽。

在我国分布于黑龙江、吉林、辽宁、内蒙古、甘肃、新疆、青海、西藏、四川、云南。国外主要分布于欧亚大陆和北美大陆。

- 《国家重点保护野生动物名录》：Ⅱ级
- 《中国物种红色名录》：易危(VU)
- 《世界自然保护联盟濒危物种红色名录》（IUCN）：无危(LC)
- 《濒危野生动植物种国际贸易公约》（CITES）：附录Ⅰ

藏野驴

Equus kiang Moorcroft, 1841

体形较大，头部短宽，耳较长。颈部鬃毛短而直立，黑褐色，体背毛色呈棕色或暗棕色，背中央自肩部至尾基有一条黑褐色脊纹，体侧以下为黄白色。

典型的青藏高原种类，栖息于海拔2700~5400 m的高原草原、高寒荒漠草原和山地荒漠地带，对干旱、严寒具有极强的耐受力。昼行，营群居生活；有短距离季节性迁移习性。以多种高山植物为食。夏末秋初交配，孕期约11个月，每胎产1崽，隔年繁殖一次。

中国特有种，分布于新疆、西藏、青海、甘肃和四川。

| 属 | 马属 Equus |
| 科 | 马科 Equidae |

- 《国家重点保护野生动物名录》：Ⅰ级
- 《中国物种红色名录》：近危(NT)
- 《世界自然保护联盟濒危物种红色名录》（IUCN）：无危(LC)
- 《濒危野生动植物种国际贸易公约》（CITES）：附录Ⅱ

白唇鹿

Przewalskium albirostris Przewalski, 1883

属	白唇鹿属	**Przewalskium**
科	鹿科	**Cervidae**

大型鹿科动物，四肢粗壮，尾短小。雄性具4~6叉角，呈扁圆状；唇部和下颌白色。被毛粗硬厚密，体背暗褐色，腹部及四肢内侧灰白色，臀部黄棕色。

生活在高寒地区，活动于海拔3500~5100 m的高山荒漠草原、草甸、灌丛和山地森林。营群栖生活，晨昏活动和觅食。草食性，也取食灌丛嫩枝叶，有舔舐盐碱的习性。多在秋季交配，孕期约8个月，每胎1~2崽。

中国特有种，分布于四川、西藏、青海、甘肃、云南。

- 《国家重点保护野生动物名录》：Ⅰ级
- 《中国物种红色名录》：濒危(EN)
- 《世界自然保护联盟濒危物种红色名录》（IUCN）：易危(VU)

藏羚
Pantholops hodgsonii Abel, 1826

属 藏羚属 Pantholops

科 牛科 Bovidae

　　体形较大，头宽而长，吻鼻部宽阔，四肢强健，尾短。雄性具直而细长的角，棱环明显。全身被毛厚密且柔软，背部和体侧淡棕褐色，喉、胸、腹、尾下和四肢内侧白色，雄性前额黑褐色。

　　典型的高原动物，栖息于海拔3200~5500 m的高寒草甸、草原和荒漠草原等植被低矮的环境中。季节性迁徙距离最大可达400 km。多在水源附近的平坦草滩或山麓缓坡活动。喜群居，除繁殖季节外，雄性和雌性通常分别组群。多在晨昏活动，以草类及矮灌丛的嫩枝叶为食。一般在冬末春初发情交配，夏季产崽，每胎产1崽。

　　中国特有种，主要分布于西藏、青海、新疆。印度、尼泊尔原有少量分布，但现已消失。20世纪80—90年代由于盗猎，该特有种分布范围和种群数量曾急剧下降，在采取了严格的保护措施后，近年来分布范围和种群数量有所恢复。

- 《国家重点保护野生动物名录》：Ⅰ级
- 《中国物种红色名录》：近危(NT)
- 《世界自然保护联盟濒危物种红色名录》（IUCN）：近危(NT)
- 《濒危野生动植物种国际贸易公约》（CITES）：附录Ⅰ

藏原羚

Procapra picticaudata Hodgson, 1846

属	原羚属 Procapra
科	牛科 Bovidae

体形较小，吻部宽短，四肢纤细，尾较短小，体毛直而粗硬。雄性具弯曲上翘的角。头、颈和体背棕灰色，腹部、四肢内侧和臀部及尾下白色，尾背褐色。

典型的高山寒漠动物，栖息于海拔5750 m以下的高山草甸、草原及高山荒漠和山间峡谷。多结小群活动，冬季集群较大。性机警，行动敏捷，善于快速奔跑。晨昏活动。以禾本科、莎草科植物为食。每年冬季发情交配，孕期约6个月，每胎1崽，偶产2崽。

在我国分布于西藏、青海、新疆、四川。国外有少量见于印度。

- 《国家重点保护野生动物名录》：Ⅱ级
- 《中国物种红色名录》：近危(NT)
- 《世界自然保护联盟濒危物种红色名录》（IUCN）：近危(NT)

藏鼠兔

Ochotona thibetana Milne-Edwards, 1871

体形中等大小，体长14~18 cm。耳短而圆，后肢略长于前肢，尾极短，隐于被毛之内。耳背灰褐色，具白色边缘，体背毛色呈棕褐色或灰褐色，腹部毛色为暗黄褐色。

栖息于海拔1800~4100 m的高山草甸、林缘草地、灌丛及草木植被发达的沟坡，常在草地、树根、乱石堆或岩石缝中做窝。昼夜活动，行动敏捷。以植物性食物为主，取食莎草科、禾本科等植物的茎、叶及苔藓等，兼食昆虫；秋季有贮草以备冬季食用的习性。5—7月为繁殖期，每年繁殖1~2胎，每胎产1~5崽。

在我国分布于西藏、青海、甘肃、陕西、四川、云南。国外见于缅甸。

属　鼠兔属　Ochotona

科　兔科　Ochotonidae

- 《中国物种红色名录》：无危(LC)
- 《世界自然保护联盟濒危物种红色名录》（IUCN）：无危(LC)

鹮嘴鹬

Ibidorhyncha struthersii Vigors, 1832

属	鹮嘴鹬属　Ibidorhyncha
科	鹮嘴鹬科　Ibidorhynchidae

体长约40 cm。嘴红色至紫色，细长且下弯；一道黑白色的横带将灰色上胸与白色下腹部隔开；翼下白色，中心具大片白色斑；脚红色；冬羽和夏羽相似。

栖息于海拔1700~4400 m的山地、高原以及丘陵地区的溪流和多砾石的河流沿岸，随季节变化做垂直移动。主食蠕虫、蜈蚣、昆虫及其幼虫，也吃小鱼、虾等。常营巢于河岸边砾石间或山区溪流的小岛上，每窝产卵2~3枚。

中亚和喜马拉雅山脉有分布。在我国分布于新疆、西藏、青海、甘肃、内蒙古、宁夏、河北、辽宁、河南、山西、陕西、四川、云南。

- 《国家重点保护野生动物名录》：Ⅱ级
- 《中国物种红色名录》：近危(NT)
- 《世界自然保护联盟濒危物种红色名录》（IUCN）：无危(LC)

鸲岩鹨

Prunella rubeculoides Moore, 1854

全长约16 cm。头灰褐色，颏、喉和颈侧灰褐色；背、肩羽和腰棕褐色，具黑褐色纵纹，翅上覆羽暗褐色，端缘白色，形成点状翅斑，飞羽褐色，尾上覆羽和尾羽褐色；胸红褐色，在喉、胸之间有黑色细纹，腹部白色，两胁和尾下覆羽淡棕黄色。

栖息于海拔3000~5500 m高山草甸和灌丛地带，常见于湖泊或溪流附近，冬季常在多岩石或裸地活动。多结小群活动。以昆虫为食，也吃草籽和种子。繁殖期5—8月，筑巢于灌丛或草丛地面，每窝产卵3~5枚。

喜马拉雅山脉有分布。在我国分布于甘肃、新疆、西藏、青海、云南、四川。

属	岩鹨属	Prunella
科	岩鹨科	Prunellidae

- 《中国物种红色名录》：无危(LC)
- 《世界自然保护联盟濒危物种红色名录》（IUCN）：无危(LC)

藏鹀

Emberiza koslowi Bianchi, 1904

属	鹀属 Emberiza
科	鹀科 Emberizidae

全长约16 cm。雄鸟头部和颈侧黑色，白色眉纹自嘴基延伸至后枕，颈后与上背间有一灰色颈环，眼先及下嘴基栗红色，颏和喉白色；背及肩羽栗红色，翅和尾黑褐；胸部具一宽阔黑带，与颈侧的黑色相连，胸带以下至两胁石板灰色，腹部灰白。雌鸟上体淡灰褐色，头顶具黑色细纹，耳羽黄褐，喉及上胸皮黄沾粉红色，背羽黑色，羽缘栗色，下胸淡灰色，其余下体灰白。

栖息于海拔3600~4600 m贫瘠的高山草甸、草原、灌丛地带，单独或成对活动，冬季结小群。筑巢于小灌丛的地面上，并用枝条覆盖顶部。食物主要为昆虫和草籽。

中国特有鸟类，分布于西藏、青海。

- 《国家重点保护野生动物名录》：Ⅱ级
- 《中国物种红色名录》：易危(VU)
- 《世界自然保护联盟濒危物种红色名录》（IUCN）：近危(NT)

西藏温泉蛇

Thermophis baileyi Wall, 1907

体形中等的无毒蛇，体长约82 cm。头、颈区分明显。上颌齿22枚。头背灰绿色，眼后有一灰色纹斜向口角并与体侧纵纹相连，头部浅黄色；体背浅橄榄绿色，有3行暗褐色斑块，中间1行较大，背两边外侧还有数条深浅相间的细纵纹；腹面黄绿色。

生活于海拔3000~4440 m高原温泉溪流草地、沼泽或其附近的乱石堆中。以鱼类和蛙类为食。

中国特有种，分布于西藏。

属 温泉蛇属 Thermophis

科 游蛇科 Colubridae

- 《国家重点保护野生动物名录》：Ⅰ级
- 《中国物种红色名录》：极危(CR)
- 《世界自然保护联盟濒危物种红色名录》（IUCN）：近危(NT)

西藏山溪鲵

Batrachuperus tibetanus Schmidt, 1925

属 山溪鲵属 Batrachuperus

科 小鲵科 Hynobiidae

　　雄鲵全长18~21 cm，雌鲵全长17~20 cm。头扁平，吻端宽圆，唇褶发达，上唇褶包盖下唇后部。躯干圆柱状或略扁，皮肤光滑，眼后至颈褶外侧有1条纵行浅凹痕，在口角上方与1条短肤沟相交；颈褶清晰。尾基部圆柱状，向后逐渐侧扁，末端钝圆。体色变异大，体尾背面暗土黄色、深灰色或橄榄灰色，有酱黑色细麻斑或无斑；腹面颜色略浅。

　　生活在海拔1500~4300 m的高山流溪内，成鲵多栖息于溪底石下、泉水石滩下。5—7月为繁殖季节。成鲵捕食虾类和水生昆虫。

　　中国特有种，分布于四川、西藏、陕西、甘肃、青海。

- 《国家重点保护野生动物名录》：Ⅱ级
- 《中国物种红色名录》：易危(VU)
- 《世界自然保护联盟濒危物种红色名录》（IUCN）：易危(VU)

西藏齿突蟾

Scutiger boulengeri Bedriaga, 1898

雄蟾体长约5 cm，雌蟾体长约6 cm。头较扁平，头长略大于头宽，吻端圆，瞳孔纵置，无鼓膜。除头部背面外，体和四肢背面满布大小刺疣；咽胸部及四肢腹面光滑。后肢短，指、趾端圆，第4趾具半蹼。体背面颜色变异大，多为暗橄榄绿、灰褐、灰橄榄色，两眼间有褐色三角斑；腹面浅米黄或肉色。雄性内侧3指婚刺细密，胸部有刺团2对，腹部疣粒多。

生活在海拔3300~5200 m高山小溪、泉水石滩地或古冰川湖边的草地。成蟾以陆栖为主，仅繁殖期间进入溪内，繁殖季为6—8月，卵群多见于小溪近源处石底面。成蟾捕食鞘翅目、鳞翅目、双翅目等昆虫。

在我国分布于西藏、四川、甘肃、青海。国外分布于印度。

属　齿突蟾属　Scutiger

科　角蟾科　Megophryidae

- 《中国物种红色名录》：无危(LC)
- 《世界自然保护联盟濒危物种红色名录》（IUCN）：无危(LC)

高山倭蛙

Nanorana parkeri Stejneger, 1927

属 倭蛙属　Nanorana

科 叉舌蛙科　Dicroglossidae

雄性体长4~5 cm，雌性体长4~6 cm。头长约等于或者略小于头宽，吻端圆，显著突出于下颌，鼻孔近眼前角；鼓膜清晰可见或者不明显。前肢较粗壮，指端钝圆；后肢长短适中，胫跗关节前达眼后角；趾端略尖，细趾间蹼发达。皮肤粗糙，背面有长短不等的长疣，排列较规则。体侧和后肢上有小疣粒。前肢皮肤无小疣粒，比较光滑。颞褶厚，平直地伸向肩部上方。腹面光滑，仅肛周围有扁平疣粒。生活时体色变化较大，背面绿色或深绿色，斑纹呈深棕色或者深褐色。腹面米黄色。浸泡标本背面呈棕色，斑纹明显；腹面白色。雄性皮肤较粗糙，第1指有发达的婚垫，胸部有一对黑色的刺团，刺团斜椭圆形，表面似绒布状质感。

　　生活于海拔2850~5000 m的高原湖泊、水塘、溪流及其附近的沼泽或草地。成蛙多栖于水草丛中或水边泥洞内或石下。

　　在我国分布于西藏。国外分布于尼泊尔。

- 《中国物种红色名录》：无危(LC)
- 《世界自然保护联盟濒危物种红色名录》（IUCN）：无危(LC)

倭蛙
Nanorana pleskei Günther, 1896

属	倭蛙属	Nanorana
科	叉舌蛙科	Dicroglossidae

雄蛙体长约3 cm，雌蛙体长4 cm左右。头长宽几相等，瞳孔横椭圆形，眼间距极窄，鼓膜小。皮肤粗糙，颞褶较显，无背侧褶，体背部长短疣粒明显，沿脊线两侧的长疣排列较规则；咽胸及腹前部光滑，腹后端有扁平疣。指、趾端钝圆无沟；后肢短，趾间蹼缘缺刻深。体和四肢背面橄榄绿色、黄绿色或深绿色，上有深棕色或黑褐色大椭圆斑，其边缘镶有浅色纹；背脊中央多有一条黄绿色细脊纹；腹面米黄色。雄性第1、2指上有婚垫，胸部有一对刺团，无声囊和雄性线。

生活于海拔3300~4500 m的高原沼泽地、山溪、水坑塘或其附近。成蛙白天隐蔽于沼泽地的草墩下、溪边、坑池旁的石块下或草丛中；夜间蹲于水边、草间以及空旷地上。成蛙多以鞘翅目和直翅目等昆虫及其幼虫为食。

中国特有种，分布于四川、甘肃、青海、西藏。

- 《中国物种红色名录》：无危(LC)
- 《世界自然保护联盟濒危物种红色名录》（IUCN）：近危(NT)

高原林蛙
Rana kukunoris Nikolskii, 1918

属	林蛙属	Rana
科	叉舌蛙科	Dicroglossidae

雄蛙体长约56 mm，雌蛙体长约62 mm。体较粗短，头宽略大于头长；吻端钝尖，瞳孔横椭圆形，鼓膜圆约为眼径之半。背面皮肤较粗糙，背部及体侧有较大的圆疣及少数长疣；背侧褶在颞部形成曲折状；体腹面和四肢腹面光滑。后肢较短，指、趾端钝圆而无沟，外侧3趾间约具2/3蹼。体和四肢背面颜色变异较大，一般为灰褐色、棕褐、棕红或浅褐黑色，疣粒颜色略浅，其周围为褐黑色；鼓膜部位有黑褐色三角形斑；体侧散有黑色或红色斑，近胯部黄绿色；四肢具黑色横纹；雄蛙腹面多为粉红或黄白色，雌蛙一般为红棕或橘红色。雄性第1指有婚垫，有一对咽侧下内声囊，有雄性线。

生活于海拔2000~4400 m的草地、农田、灌丛及森林边缘地带，多栖息在各种静水水域，如林边水塘、水坑、沼泽或溪边及其他潮湿环境中。以直翅目、膜翅目、半翅目、鞘翅目等昆虫及其幼虫为食。

中国特有种，分布于四川、西藏、甘肃、青海。

- 《中国物种红色名录》：无危(LC)
- 《世界自然保护联盟濒危物种红色名录》（IUCN）：无危(LC)

第五章
青藏高原高山流石坡

Chapter Five

一、高山流石坡生态系统

　　垫状植被是由寒旱生的中生、中旱生或旱生的多年生垫状草本、多年生垫状半灌木或小半灌木等垫状植物建群组成的植物群落。它们在河谷湖盆附近辽阔平坦的多砾石滩地上，在平缓的冰碛垄丘、寒冻风化成的坡麓和浑圆山丘间的山隘，或较为低湿的低盐碱滩地等地段，呈斑块状或带状分布。它们从青南高原的西部一直分布到藏北

唐古拉山脉最高峰——格拉丹东雪山

羌塘高原的高原面上，以及山地高寒草甸带与海拔更高的高山流石坡稀疏植被带之间，几乎在整个青藏高原北部的高原高山地带都可见到这类植被的出现。

垫状植物是以紧密地结合和交织了极度短缩的枝条而呈现出浑圆团垫、平面座垫形态的一类高原高山植物，它们多不高过 10 cm，形似紧密的座垫般匍匐而突出于地面。这种适者生存的结构具有保温、保湿和不惧频繁强风和高强紫外线辐射的作用等特点。它们是在高寒、干旱、强风和强辐射以及昼夜温差大等高原高山特化因子共同组成的严酷自然环境下形成的一类特殊生活形态的植物，其植被的伴生种类也不丰富。

长江源岗加曲巴冰川

　　青藏高原是许多典型的垫状植物和垫状植被的主要分布区。垫状植物的种类相对贫乏，但其中许多种均可以特征种的身份组建单优势种群落，并且不乏青藏高原的特有种，或中国—喜马拉雅高山成分和中亚—喜马拉雅高山成分，也有北极高山成分。常见和重要的种类有雪灵芝（*Arenaria* spp.）、点地梅（*Androsace* spp.）、簇生柔子草（*Thylacospermum caespitosum*）、垫状驼绒藜（*Krascheninnikovia compacta*）、红景天（*Rhodiola* spp.）、虎耳草（*Saxifraga* spp.）、山莓草（*Sibbaldia* spp.）、茵垫黄耆

（*Astragalus mattam*）、棘豆（*Oxytropis* spp.）、匍匐水柏枝（*Myricaria prostrata*）、针叶风毛菊（*Saussurea subulata*）等。

  高山流石坡稀疏植被是在高山冰雪带下部地段至高寒草甸和高寒荒漠之间的流石坡上，由适应极寒的高山冰原气候条件的一类先锋植物组成，成为植物界在山地垂直带谱中分布海拔最高的植被类型。它们广泛分布于从北部的祁连山地到青南高原并藏北羌塘高原、昆仑山—喀喇昆仑山直至西喜马拉雅山一带的青藏高原北部的

匍匐茎水柏枝垫状植被

高山顶部。组成高山流石坡稀疏植被的高山植物，具有极强的抗逆性，终年遭受寒冻、强风、强光照、强紫外线辐射、气温变化剧烈、冰雪覆盖、砾石压埋和丰富冰雪融水滋润等极端生态因子的影响，外部形态和生理适应都体现出特定的高原高山特化作用的特点，它们是高寒草甸植被发生初级阶段的年轻的高原高山成分。流石坡的宽度在陡峭的山坡地带较窄，下缘可延伸进入高寒灌丛草甸的上缘，而在较平缓的山地下接高寒草甸，亦可经流石坡连接山前滩地类的流石滩并进而与垫状植被或高寒草甸衔接。长江源区海拔5400 m的岗加曲巴冰川一带就可以作为典型的例子。

组成高山流石坡稀疏植被的植物种类均属于高山植物，并多为高寒草甸和高寒灌丛草甸类分布的适寒中生植物，习见和主要的有蓼科的蓼属（*Polygonum*）、大黄属（*Rheum*），石竹科的柔子草属（*Thylacospermum*）、雪灵芝属（*Arenaria*）、蝇子草属（*Silene*），毛茛科的银莲花属（*Anemone*）、金莲花属（*Trollius*）、毛茛属（*Ranunculus*），罂粟科的紫堇属（*Corydalis*）、绿绒蒿属（*Meconopsis*），十字花科的葶苈属（*Draba*）、桂竹香属（*Cheiranthus*）、条果芥属（*Parrya*）、单花荠属（*Pegaeophyton*）、丛菔属（*Solms-Laubachia*）、高原芥属（*Christolea*），景天科的红景天属（*Rhodiola*），虎耳草科的虎耳草属（*Saxifraga*），豆科的黄耆属（*Astragalus*）、棘豆属（*Oxytropis*），报春花科的点地梅属（*Androsace*），唇形科的绵参属（*Eriophyton*）、扭连钱属（*Phyllophyton*），玄参科的兔耳草属（*Lagotis*）、马先蒿属（*Pedicularis*），菊科的风毛菊属（*Saussurea*）、垂头菊属（*Cremanthodium*）、绢毛菊属（*Soroseris*），禾本科的早熟禾属（*Poa*），百合科的贝母属（*Fritillaria*），等等。

西昆仑山的冰川之父——穆士塔格峰

二、高山流石坡常见物种

包氏微孢衣
Acarospora bohlinii H. Magn.

属 微孢衣属	Acarospora A. Massal.	
科 微孢衣科	Acarosporaceae	

地衣体：壳状至鳞壳状，紧贴基物圆形扩展，直径2~10（~20）cm，鳞片相互紧密靠生，中央鳞片圆形至菱形，边缘呈狭长鳞片状；上表面：明显凸起，栗褐色至深褐色，有脊皱，无光泽和粉霜层；上皮层：假薄壁组织，厚25~45 μm；藻层：均匀，厚约150 μm；子囊盘：圆形，每个鳞片生1~2个子囊盘，盘面深红褐色至深褐色，无粉霜层；上子实层：红褐色，厚10~27 μm；子实层：无色，厚70~90 μm，I +深蓝色或绿色；侧丝：顶端褐色；子囊及子囊孢子：长棒状，直径45~58×13~20 μm，内含超过100个孢子；孢子无色单胞，直径3~4.5×1.7~2.5 μm；分生孢子：椭圆形；地衣特征化合物：均负反应。

生长于岩面，海拔1500~5000 m。

在我国分布于甘肃、西藏、内蒙古、宁夏、新疆、云南。

蜂窝橙衣
Caloplaca scrobiculata H. Magn.

地衣体：壳状，紧贴基物生长，龟裂，裂片宽0.2~1 mm，较厚，边缘偶有小鳞片；上表面：亮黄色至橘黄色，具褶皱，粉霜常生于褶皱脊表面；子囊盘：无柄，0.2~0.8 mm；盘面橘红色，无粉霜层；子囊及子囊孢子：子囊棒状，内含8个孢子；孢子椭圆形，直径15~19×6~7.5 μm，无色，具有一个横向隔，隔壁不增厚；分生孢子：直径3~5×1~1.5 μm；地衣特征化合物：地衣体和子囊盘K+紫红色，C−，P−。

生长于高山岩面表面，海拔4500~5000 m。

在我国分布于甘肃、新疆、西藏。中亚地区也有分布。

属 橙衣属 Caloplaca Th. Fr.

科 黄枝衣科 Teloschistaceae

簇生柔子草

Thylacospermum caespitosum (Camb.) Schischk

| 属 | 柔子草属 Thylacospermum Fenzl |
| 科 | 石竹科 Caryophyllaceae |

多年生垫状草本，高1~3 cm，全株无毛。根木质化，自茎部多分枝。茎基部多分枝，节间极短缩。叶排列紧密，呈覆瓦状，叶片卵状披针形或披针形，长2~4 mm，宽1~2 mm，顶端急尖或渐尖，质硬，有光泽。花单生茎顶，无梗；萼片卵状披针形，长2.5 mm，宽约1.3 mm，顶端急尖；花瓣5，白色或淡黄色，卵状长圆形，长为萼片的1/2，顶端圆钝；花柱3，线形，常伸出萼外。蒴果球形，长约3 mm，草黄色，有光泽，6齿裂。种子近圆形，直径约1.5 mm，种皮海绵质，囊状，淡草黄色。花期6—7月，果期7—8月。

生长于海拔4500~5300 m的高山冰缘地带、河谷阶地、沙砾河滩、高山草甸、山坡砾地、高山流石坡稀疏植被带。在我国分布于青海、新疆、甘肃、四川、西藏。哈萨克斯坦、吉尔吉斯斯坦、俄罗斯、尼泊尔、印度也有分布。

生态地位：伴生种、先锋种。

甘肃雪灵芝

Arenaria kansuensis Maxim.

多年生垫状草本，高4~5 cm。主根粗壮，木质化，下部密集枯叶。叶密集呈覆瓦状，基部较宽，膜质，抱茎；叶片针状线形，长5~15 mm，宽0.5~1 mm，边缘狭膜质，下部具细锯齿，稍内卷，顶端急尖或渐尖，具刺尖，上面微凹入，下面凸出，呈三棱形，质稍硬。花单生枝端；苞片披针形或卵状披针形，长3~5 mm，边缘宽膜质，具1脉；花梗长1~5（8）mm，被柔毛；萼片5，披针形，长4.5~7（8）mm，基部明显增厚，边缘宽膜质，顶端尖；花瓣5，白色，卵形或长圆状卵形，与萼片近等长，基部急狭，呈短柄状，顶端钝圆；花盘杯状，具5个腺体；雄蕊10，短于花瓣；子房球形，花柱3，线形。花期6—7月，果期7—8月。

生长于海拔3000~5000 m的高山垫状植被中、高山流石坡、山顶砾石带、阳坡岩隙、高寒草甸、河岸裸地、河滩沙地、高寒草原、宽谷湖盆砾地。在我国分布于青海、甘肃、云南、西藏、四川。

生态地位：伴生种、先锋种。

经济价值：全株入药。

属 无心菜属　Arenaria Linn.

科 石竹科　Caryophyllaceae

厚叶美花草

Callianthemum alatavicum Freyn

| 属 | 美花草属 Callianthemum C. A. Mey. |
| 科 | 毛茛科 Ranunculaceae |

多年生草本。植株全体无毛。根状茎短粗，须根伸长。茎渐升或近直立，长8~18 cm，有时达20 cm，不分枝或仅有1分枝。基生叶3~5，有长柄，二至三回羽状复叶；叶片厚，干时近革质，狭卵形或卵状长圆形，长3.7~8.8 cm，宽3~5 cm，羽片4~5对，最下部小叶有柄，柄长0.1~1 cm，卵形或宽卵形，二回羽片1~2对，无柄，末回裂片楔状倒卵形，有钝齿或全缘；叶柄长3.5~10 cm，基部有鞘。茎生叶2~3，似基生叶，但较小。花直径1.7~2.5 cm；萼片5，近椭圆形，长7~10 mm，宽4~5 mm；花瓣6~10，白色，基部橙黄色，倒卵形，长9~14 mm，宽8~11 mm，顶端圆形；雄蕊长约为花瓣之半，花药长圆形。聚合果近球形，直径1~1.2 cm；瘦果卵球形，长3.5~4 mm，宽2~3 mm，表面稍皱，宿存花柱短。花果期6—8月。

生长于海拔3600~4400 m的高寒草甸砾地、河谷草甸。在我国分布于新疆。中亚地区也有分布。

生态地位：伴生种、先锋种。

小叶拟耧斗菜

Paraquilegia microphylla (Royle) Drumm. et Hutch.

多年生草本。根状茎圆柱形，稀为近纺锤形。二回三出复叶，无毛，叶片轮廓三角状卵形，长 2~5 cm，宽 2~6 cm，中央小叶宽菱形或肾状宽菱形，长 4~8 mm，宽 4~10 mm，3 深裂，深裂片又 2~3 细裂，小裂片椭圆状倒披针形或倒披针形，宽 1~2 mm；叶柄长 2~11 mm。花葶直立，长 3~18 cm；苞片 2 枚，对生或互生，倒披针形，长 4~10 mm，基部具膜质鞘；花直径 2.5~5 cm；萼淡堇色或淡紫红色，稀为白色，倒卵形至椭圆状倒卵形，长 1.3~2.5 cm，宽 0.8~1.5 cm，顶端圆形；花瓣倒卵形至倒卵状长椭圆形，长约 5 mm，顶端微凹，下部浅囊状；种子窄卵形，长 1~2 mm，褐色，1 侧生窄翅，光滑。花期 7—8 月，果期 8—9 月。

生长于海拔 2800~4800 m 的岩石缝隙、山坡灌丛、沟谷林缘、河岸崖壁。在我国分布于甘肃、新疆、西藏、云南、四川。不丹、尼泊尔及中亚地区也有分布。

生态地位：伴生种、先锋种。

属　拟耧斗菜属　Paraquilegia Drumm. et Hutch.

科　毛茛科　Ranunculaceae

糙果紫堇
Corydalis trachycarpa Maxim.

属	紫堇属 Corydalis Vent.
科	罂粟科 Papaveraceae

粗壮直立草本，高（15~）25~35（~50）cm。须根多数成簇，棒状增粗，长达8 cm，上部粗约2 mm，下部粗达5 mm，具少数纤维状分枝，根皮黄褐色，里面白色。茎1~5条，具少数分枝，上部粗壮，下部通常裸露，基部变线形。基生叶少数，叶柄长达10 cm，上部粗壮，下部2/3渐细，叶片轮廓宽卵形，长2.5~3（~6）cm，宽2~2.5（~4）cm，二至三回羽状分裂，第一回全裂片通常3~4对，具长0.3~0.8 cm的柄，第二回深裂片无柄，深裂，小裂片狭倒卵形至狭倒披针形或狭椭圆形，长0.5~1 cm，先端具小尖头，下面具白粉；茎生叶1~4枚，疏离互生，下部叶具柄，上部叶近无柄，其他与基生叶相同。总状花序生于茎和分枝顶端，长3~10 cm，多花密集；苞片下部者扇状羽状全裂，上部者扇状掌状全裂，裂片均为线形；花梗明显短于苞片。萼片鳞片状，边缘具缺刻状流苏；花瓣紫色、蓝紫色或紫红色，子房绿色，椭圆形，长2~4 mm，具肋，肋上有密集排列的小瘤，胚珠2列，花柱比子房长，柱头双卵形，上端具2乳突。蒴果狭倒卵形，长0.8~1 cm，粗约3 mm，具多数淡黄色的小瘤密集排列成6条纵棱。种子少数，近圆形，黑色，具光泽。花果期4—9月。

生长于海拔3100~4500 m的高山流石坡、高山草甸、河滩湿沙地、山麓砾石堆、河溪水沟边、林缘崖壁、灌丛草地、岩石缝隙。在我国分布于青海、陕西、甘肃、四川、西藏。

生态地位：伴生种、先锋种。

粗糙紫堇
Corydalis scaberula Maxim.

属　紫堇属　Corydalis Vent.

科　罂粟科　Papaveraceae

多年生草本，高8~15 cm。茎1~4条，上部具叶，下部裸露，基部线形。基生叶少数，叶片轮廓卵形，三回羽状分裂；茎生叶通常2枚，近对生于茎的上部，具短柄，叶片轮廓长圆形，长3~8 cm，宽1~2 cm。总状花序长2.5~5 cm，密集多花。萼片小，近肾形，具条裂状齿；花瓣淡黄带紫色，开放后橙黄色，上花瓣长1.5~2 cm，花瓣片舟状倒卵形，背部具绿色的鸡冠状突起，距圆筒形，10.7~0.8 cm，粗0.3~0.4 cm，钝；下花瓣长0.8~1 cm，背部具鸡冠状突起，内花瓣长约0.8 cm，先端深紫色；雄蕊束长约0.8 cm，花丝椭圆形，宽约2 mm；子房椭圆形，长约0.6 cm，粗约2 mm，具2列胚珠，花柱纤细，长约2 mm，柱头近肾形。蒴果长圆形，长0.8 cm，粗约2 mm，具8~10枚种子，排成2列。种子圆形，直径约1.5 mm；种阜具细牙齿。花果期6—9月。

生长于海拔3800~5600 m的高寒草甸、高山流石坡、滑塌山坡、冰缘湿地、退化高寒草原、河滩砾地、沟谷石隙、河溪水沟边。在我国分布于青海、甘肃、西藏、四川。

生态地位：伴生种、先锋种。

经济价值：块茎入药。

尖突黄堇

Corydalis mucronifera Maxim.

属	紫堇属 Corydalis Vent.
科	罂粟科 Papaveraceae

　　垫状草本，高约5 cm，幼叶常被毛，具主根。茎数条发自基生叶腋，不分枝，具叶。基生叶多数，长约5 cm，叶片卵圆形或心形，三回羽状分裂或掌状分裂，末回裂片长圆形，具芒状尖突；茎生叶与基生叶同形，常高出花序。花序伞房状，少花。苞片扇形；花梗长约1 cm，果期顶端钩状弯曲。花黄色，先直立，后平展；萼片长约1 mm，宽约2 mm，具齿；外花瓣具鸡冠状突起；上花瓣长约8 mm；距圆筒形，稍短于瓣片，轻微上弯；蜜腺体约贯穿距长的2/3；内花瓣顶端暗绿色；柱头近四方形，两侧常不对称，具6乳突，顶生2枚短柱状，侧生的较短，较靠近。蒴果椭圆形，约长6 mm，宽2.3 mm，常具4枚种子及长约2 mm的花柱。

　　生长于海拔4200~5500 m的滑塌沙砾坡、高山流石坡、沙砾山坡、泉水出露处、沙砾河漫滩。在我国分布于甘肃、西藏。

　　生态地位：伴生种、先锋种。

疆堇

Corydalis mira (Batalin) C. Y. Wu et H. Chuang

亚灌木，高2~10 cm。根木质化；叶鞘狭长披针形，革质。茎花葶状，无叶或基部具1叶。基生叶多数，密生，叶柄长1~3 cm，基部具长鞘，叶片轮廓狭卵形或狭长圆形，羽状全裂，裂片3~4对；通常上部者对生，下部者互生，顶生裂片倒卵形或狭倒卵形，其余卵形或椭圆形，先端钝或圆，基部楔形，全缘或2~4深裂，两面灰绿色，无毛，稍厚；茎生叶若存在则与基生叶同形。总状花序顶生，有（1~）2~4花；苞片长披针形；花梗劲直，长1~2 cm。萼片线状三角形，先端长尾尖；花瓣黄色。蒴果近圆球形，直径7~8 mm。种子（1~）9~11枚，长约2 mm，黑色，具光泽。花果期6—8月。

生长于海拔2600~4300 m的河谷山坡裸地、山地草丛、阴坡潮湿石崖缝隙中。在我国分布于新疆。吉尔吉斯斯坦也有分布。

生态地位：伴生种、先锋种。

（属）紫堇属　Corydalis Vent.

（科）罂粟科　Papaveraceae

尼泊尔黄堇

Corydalis hendersonii Hemsley

| 属 | 紫堇属 Corydalis Vent. |
| 科 | 罂粟科 Papaveraceae |

丛生小草本，高 5~8 cm，肉质而易脆裂。茎不分枝或少分枝。叶肉质，苍白色，长 4~8 cm，宽 4~6 mm；叶片卵圆形至三角形，三回三出全裂。总状花序具 3~6 花，伞房状。花黄色，直立，上花瓣长 1.8~2.2 cm；距圆筒形，约与瓣片等长；下花瓣长约 1 cm，具 3 条明显的纵脉；子房卵圆形，长约 2 mm，花柱长约 4.5 mm，柱头扁四方形，前端 2 裂，具 2 短柱状乳突。蒴果长圆形，藏于苞片中。种子黄褐色，近圆形，直径 1.5~2 mm，种阜小。花果期 5—8 月。

生长于海拔 4200~5300 m 的高原宽谷湖盆、高寒草原砾石地、高山冰碛砾石滩、荒漠戈壁砾石地、河谷阶地沙地、河滩沙地、高山流石滩。在我国分布于青海、新疆、西藏。尼泊尔也有分布。

生态地位：伴生种、先锋种。

杂多紫堇

Corydalis zadoiensis L. H. Zhou

多年生草本，高5~15 cm。根棒状纺锤形，簇生，长1.5~6 cm，淡褐色。叶全部基生，具长柄，柄长5~13 cm，柔弱，下部乳白色，叶片轮廓肾形或卵形，长1.5~2 cm，宽1.5~2.5 cm，二回羽状全裂，裂片覆瓦状排列，宽卵形或倒卵形近无柄，小裂片卵形或倒卵形；花葶1~3，短于叶或与叶近等长，柔弱，下部乳白色，基部具小鳞茎。总状花序顶生，长1~2 cm；苞片卵形或倒卵形，全缘，稀浅裂；萼片2，近肾形，白色膜质，撕裂状，早落；花瓣4，外面的2瓣较大，呈唇形，上面的那个顶端具鸡冠状突起，距短于瓣片，顶端微向下弯或平展，下面的那个较小，背部具鸡冠状突起，内面的2瓣较小，爪与外轮花瓣合生；子房狭椭圆形，柱头较大。花果期5—8月。

生长于海拔3300~4200 m的沙砾河滩、高寒草甸砾地、岩石缝隙、水边沙地、山麓倒石堆、河岸沟沿、山坡砾地、高山流石滩、山顶半阴坡草地滑塌处。在我国分布于青海。

生态地位：伴生种、先锋种。

属 紫堇属 Corydalis Vent.

科 罂粟科 Papaveraceae

全缘叶绿绒蒿

Meconopsis integrifolia (Maxim.) Franch.

属 绿绒蒿属　Meconopsis Vig.

科 罂粟科　Papaveraceae

　　一年生至多年生草本。茎粗壮，高达150 cm，粗达 2 cm，不分枝，具纵条纹，幼时被毛，老时近无毛，基部盖以宿存的叶基，叶基密被具多短分枝的长柔毛。基生叶莲座状，其间常混生鳞片状叶，叶片倒披针形、倒卵形或近匙形，连叶柄长8~32 cm，宽1~5 cm，全缘且毛较密；茎生叶狭椭圆形、披针形、倒披针形或条形。花通常4~5朵，稀达18朵；花瓣6~8，近圆形至倒卵形，黄色或稀白色，花柱极短，至长1.3 cm，无毛，柱头头状，4~9裂下延至花柱上，略辐射于子房顶。蒴果宽椭圆状长圆形至椭圆形。种子近肾形，种皮具明显的纵条纹及蜂窝状孔穴。花果期5—9月。

　　生长于海拔3200~5200 m的高寒草甸、山坡草地、河滩砾地、退化草甸、沟谷河岸、湖滨草甸、高山岩隙、河谷阶地。在我国分布于青海、甘肃、四川、云南、西藏。缅甸也有分布。

　　生态地位：优势种、伴生种、先锋种。

　　经济价值：全草入药。花色美丽，可供观赏。

多刺绿绒蒿

Meconopsis horridula Hook. f. et Thoms.

属	绿绒蒿属　Meconopsis Vig.
科	罂粟科　Papaveraceae

　　一年生草本，全体被黄褐色或淡黄色、坚硬而平展的刺。主根肥厚而延长，圆柱形，长达 20 cm 或更多，上部粗 1~1.5 cm，果时达 2 cm。叶全部基生，叶片披针形，边缘全缘或波状，两面被黄褐色或淡黄色平展的刺。花葶 5~12 或更多，长 10~20 cm，坚硬，绿色或蓝灰色，密被黄褐色平展的刺。花单生于花葶上，半下垂；花芽近球形，直径约 1 cm 或更大；萼片外面被刺；花瓣 5~8，有时 4，宽倒卵形，蓝紫色；花丝丝状，长约 1 cm，色比花瓣深，花药长圆形，稍旋扭；子房圆锥状，被黄褐色平伸或斜展的刺，花柱长 6~7 mm，柱头圆锥状。蒴果倒卵形或椭圆状长圆形，稀宽卵形，长 1.2~2.5 cm，被锈色或黄褐色、平展或反曲的刺。种子肾形，种皮具窗格状网纹。花果期 6—9 月。

　　生长于海拔 3700~5100 m 的高山流石坡、河滩砾地、沙砾山坡、沟谷河岸、山麓石堆、林缘石隙、高寒草甸。在我国分布于青海、甘肃、西藏、云南、四川。尼泊尔、印度、不丹、缅甸也有分布。

　　生态地位：伴生种、先锋种。

　　经济价值：花入药。

五脉绿绒蒿

Meconopsis quintuplinervia Regel

属	绿绒蒿属	Meconopsis Vig.
科	罂粟科	Papaveraceae

多年生草本，高30~50 cm。叶全部基生，莲座状，叶片倒卵形至披针形，长2~9 cm，宽1~3 cm，先端急尖或钝，基部渐狭并下延入叶柄。花葶1~3，具肋，被棕黄色、具分枝且反折的硬毛，上部毛较密。花单生于基生花葶上，下垂；花瓣4~6，倒卵形或近圆形，长3~4 cm，宽2.5~3.7 cm，淡蓝色或紫色；花丝丝状，长1.5~2 cm，与花瓣同色或白色，花药长圆形，长1~1.5 mm，淡黄色；子房近球形、卵球形或长圆形，花柱短，长1~1.5 mm，柱头头状，3~6裂。蒴果椭圆形或长圆状椭圆形，3~6瓣自顶端微裂。种子狭卵形，长约3 mm，黑褐色，种皮具网纹和皱褶。花果期6—9月。

生长于海拔2400~4600 m的高寒草甸、高山灌丛草甸、山麓砾地、河岸石隙。在我国分布于青海、甘肃、陕西、四川、西藏、湖北。

生态地位：伴生种。

经济价值：花入药。花色美丽，可供观赏。

总状绿绒蒿
Meconopsis racemosa Maxim.

| 属 | 绿绒蒿属 | Meconopsis Vig. |
| 科 | 罂粟科 | Papaveraceae |

　　一年生草本，高20~50 cm，全体被黄褐色或淡黄色坚硬而平展的硬刺。茎圆柱形，不分枝，基生叶长圆状披针形、倒披针形或稀狭卵形、条形，长5~20 cm，宽0.7~4.2 cm，先端急尖或钝，基部狭楔形，下延至叶柄基部，边缘全缘或波状，稀具不规则的粗锯齿；下部茎生叶同基生叶，上部茎生叶长圆状披针形，有时条形。花生于上部茎生叶腋内；萼片长圆状卵形，外面被刺毛；花瓣5~8，倒卵状长圆形，天蓝色或蓝紫色，有时红色，无毛；花丝丝状，长约1 cm，紫色，花药长圆形，黄色；子房卵形，长5~8 mm，花柱圆锥形，长2~4 mm，具棱，无毛，柱头长圆形。蒴果卵形或长卵形，4~6瓣自顶端开裂。种子长圆形，长1~2 mm，种皮具窗格状网纹。花果期5—9月。

　　生长于海拔3200~5000 m的阴坡灌丛下、沟谷林下、林缘草地、高寒草甸裸地、河谷砾地、山麓石隙、高山倒石堆、山坡草甸、宽谷湖盆沙砾地。在我国分布于青海、甘肃、西藏、云南、四川。

　　生态地位：伴生种、先锋种。

　　经济价值：花入药。

高原芥
Christolea crassifolia Camb.

（属）高原芥属 Christolea Camb.

（科）十字花科 Cruciferae

多年生草本，高10~30 cm，全株被白色单毛，很少无毛。地下有粗直的根，于根茎处分枝。茎直立，丛生。茎生叶肉质，菱形、长圆状倒卵形、长圆状椭圆形至匙形，长1~3 cm，宽（3）5~20（25）mm，顶端3~5大齿，基部楔形渐窄。总状花序结果时可长5~8 cm；萼片长圆形，长3.5~4 mm，边缘白色膜质；花瓣白色或淡紫色，常于基部紫红色，干时淡黄色。长角果线形到条状披针形，长1~2.3 cm，宽3~4.5 cm，种子间略凹下；果瓣顶端渐尖，基部中脉明显，网状侧脉可见，隔膜有明显或不明显的2脉，花柱近无，柱头扁压，微2裂。种子每室1行，长圆形，长约2 mm，宽约1.5 mm，黑褐色，扁压，子叶缘倚胚根。花期6—7月，果期7—8月。

生长于海拔3200~5200 m的高山流石坡稀疏植被、河谷阶地、山前冲积扇、高寒荒漠草原、高原荒漠、河谷阶地高寒草原、河谷山坡砾石地、河滩草甸、高原河滩砾地。在我国分布于青海、西藏、新疆。中亚地区以及阿富汗、巴基斯坦等地也有分布。

生态地位：建群种、优势种、伴生种、先锋种。

红紫桂竹香
Cheiranthus roseus Maxim.

属　桂竹香属　Cheiranthus Linn.

科　十字花科　Cruciferae

多年生草本，高10~20 cm，全体有贴生二叉分叉毛；茎直立，不分枝，基部具残存叶柄。基生叶披针形或线形，长2~7 cm，宽3~5 mm，顶端急尖，基部渐狭，全缘或疏生细齿；叶柄长1~4 cm；茎生叶较小，具短柄，上部叶无柄。总状花序有多数疏生花，长达9 cm；花粉红色或红紫色，直径1.5~2 cm；花梗长5~10 mm，开展，密生叉状毛或无毛；萼片直立，长圆形、披针状长圆形或卵状长圆形，长7~8 mm；花瓣倒披针形，长12~15 mm，有深紫色脉纹，种子卵形，长约1 mm，褐色。花期6—7月，果期7—8月。

生长于海拔2800~5200 m的高寒草甸、阴坡灌丛、高山岩屑碎石坡、湖滨砾地、河滩湿润沙砾地、山前冲积扇、高山稀疏植被、冰缘湿地、沟谷山坡石隙。在我国分布于青海、甘肃、新疆、西藏、四川。

生态地位：伴生种、先锋种。

经济价值：全草入药，清热解毒。

喜马拉雅高原芥

Christolea himalayensis (Camb.) Jafri

属	高原芥属　**Christolea** Camb.
科	十字花科　Cruciferae

多年生草本，高5~15 cm，全株被白色单毛和分枝毛。直根伸长达10 cm。茎于基部分枝或不分枝，直立或倾斜。基生叶莲座状，倒卵状匙形或卵状匙形，长10~15 mm，宽4~6 mm，顶端具3~4齿或裂片，基部楔形，渐窄成柄，两面被单毛及叉状毛，且有缘毛；茎生叶倒披针形，窄椭圆状匙形至线形，近花序或入花序下部者呈苞片状。总状花序果期延长达7 cm；萼片长圆形，长2.5~3 mm；花瓣倒卵形，长5~6 mm，紫红色或蓝紫色。长角果宽线状长圆形至线状披针形，黄绿色或带紫色，有时上部稍弯曲，长2~3 cm，宽2.5~5 mm，侧扁，两面和边缘均有柔毛；果梗短粗，常扭偏而使角果排列于花序轴一侧。种子每室为不整齐的1行，长圆形，长约2 mm，黄褐色。花期5—6月，果期7—8月。

生长于海拔4000~5200 m的山谷湖盆、高原沙砾滩地、河滩碎石岩屑地、沟谷山地岩隙、高山流石坡稀疏植被、高寒沟谷砾地。在我国分布于青海、新疆、西藏。尼泊尔、印度、阿富汗、巴基斯坦也有分布。

生态地位：伴生种、先锋种。

圆叶八宝

Hylotelephium ewersii (Ledeb.) H. Ohba

多年生草本。根状茎木质，分枝，倾斜或水平伸展、节间长，直径1~2 mm，节处生根，根丝状。茎多数（数枚），多弧曲向上，近基部分枝，高5~15 cm，无毛。叶对生，宽卵形或近圆形，伞形聚伞花序，花多数，密生，直径1.5~2 cm；苞片在下部者近椭圆形，向上为宽长圆形，较叶小，花下苞片小，近膜质；花梗细，长约1 mm；萼片5，披针形，长约2 mm，分离；花瓣5，卵状披针形，长3.5~4 mm，先端急尖或渐尖，基部略窄；鳞片长圆形，长约0.6 mm。蓇葖果狭椭圆形，直立，长3~4 mm，基部狭，具短柄，先端渐狭，有长约1.5 mm的短喙。种子多数，长圆形，褐色，长约0.5 mm。花果期7—8月。

属　八宝属　Hylotelephium H. Ohba

科　景天科　Crassulaceae

生长于海拔2800~3200 m的沟谷山地、冰缘湿地石砾中。在我国分布于新疆、西藏。巴基斯坦、蒙古国、俄罗斯、哈萨克斯坦、吉尔吉斯斯坦、塔吉克斯坦、阿富汗也有分布。

生态地位：伴生种。

藏布红景天
Rhodiola sangpo-tibetina (Frod) S. H. Fu

属	红景天属 Rhodiola Linn.
科	景天科 Crassulaceae

多年生草本。根茎直立，粗，不分枝。基生叶鳞片状，外面的三角状半圆形，先端有线形或长圆形附属物，里面的宽线形，长5.5~35 mm，先端有长尾。花茎长1.7~7 cm，直立，细弱，不分枝，基部被鳞片；花茎的叶互生，长卵形或卵状线形，长7~14 mm，宽1.2~2.2 mm，钝，全缘。伞房状花序，花疏生；花两性；萼片5，披针形，长2.5~4 mm，宽1~1.8 mm；花瓣5，近长圆形，长3.7~6.2 mm，宽1.4~2 mm，先端尖，外面上部呈龙骨状，全缘；雄蕊10，对瓣的长1.5~3.2 mm，着生花瓣中部以下，对萼的长3~6 mm；鳞片5，近正方形，长0.5~0.6 mm，宽0.6~0.9 mm，先端有微缺；心皮5，基部1 mm合生，分离部分长2~4.5 mm，花柱长1.4~2 mm。蓇葖直立，种子少数；种子近倒卵状长圆形，长1.3 mm，钝。花期7—9月，果期8—12月。

生长于海拔3900~5000 m的河滩沙砾地、沙质草地、石缝中、高山流石坡稀疏植被。在我国分布于青海、西藏。

生态地位：优势种、伴生种、先锋种。

经济价值：花入药。可引入美化园林庭院。

大花红景天

Rhodiola crenulata (Hook. f. et Thoms.) H. Ohba

多年生草本。根状茎直立，粗壮，径可达4 cm或过之，表面暗灰棕色，内面深灰棕色；根茎短粗，有少数分枝，长可达4 cm，密被暗栗棕色膜质鳞片；鳞片卵形，先端急尖或钝。花茎多数，老花茎残存，黑色，亦多数；新花茎直立，高10~25 cm，粗约5 mm，稻黄和棕红的混合色，有不孕枝；不孕枝高约10 cm，细瘦。叶互生，花茎下部的叶无或稀少，多集生长在顶部或上部，叶椭圆形，宽椭圆形或椭圆状长圆形，长2~3 cm，宽1~1.5（2）cm，先端圆钝，边缘或有圆齿，基部楔形或圆形，无柄。花序为伞形伞房状，顶生，长2~2.5 cm，宽幅为2.5~4 cm，密集；苞片叶状，顶端的叶和外层叶状苞片包围花序，易脱落，无小苞片；花梗明显；花雌雄异株，紫红色；雄花萼片5，披针形或狭披针形或宽线形，长约3 mm；花瓣长圆形，长7~8 mm，基部渐狭似爪状，先端钝，干后花瓣两侧对折；种子少数，狭倒针形或狭梭形，长约2.5 mm，一端明显有翅。花果期7—8月。

属 红景天属　Rhodiola Linn.

科 景天科　Crassulaceae

生长于海拔4000~5400 m的高山流石坡、山顶岩缝。在我国分布于青海、西藏、云南、四川。

生态地位：优势种、伴生种、先锋种。

经济价值：根可入药。

异齿红景天

Rhodiola heterodonta (Hook. f. et Thoms.) A. Bor.

属 红景天属 Rhodiola Linn.

科 景天科 Crassulaceae

多年生草本。主根分枝少，垂直或稍斜伸向下；根茎短，有分枝，长达4 cm，径2~3 cm，先端和周围被栗色膜质鳞片；鳞片卵状三角形，顶圆钝或急尖。花茎直立或弧形弯曲；残留少数老花茎，常由下部或中部折断；有少数不孕枝或无；新花茎少数，多数高达30 cm或稍过之，径4~5 mm。叶互生，密生，卵状三角形、卵状披针形或披针形，长1.5~2（3）cm，宽4~8 mm，黄绿色，先端急尖、基部宽心形或近截形，稍抱茎。花序顶生，近头状或半圆状的伞房花序，雌雄异株；花多而紧密，宽1.5~2.5 cm，无苞片，花梗极短；花4基数，黄绿色。雌花：萼片线形，长2.5~3 cm，先端钝或急尖，黄绿色；花瓣线形，长约4 mm，顶钝尖；鳞片长方形，长约1 mm，先端圆形。蓇葖果长圆形，长约5 mm，有短花柱，外弯，果含多数种子。种子小，长圆形，长约1 mm，褐色，未见雄花。果期8月。

生长于海拔4000~4900 m的沟谷山地、砾石山坡草地上、冰川边缘砾地、高山流石坡稀疏植被。在我国分布于新疆、西藏。蒙古国、哈萨克斯坦、吉尔吉斯斯坦、伊朗、阿富汗、巴基斯坦也有分布。

生态地位：优势种、伴生种。

直茎红景天

Rhodiola recticaulis A. Bor.

属 红景天属 Rhodiola Linn.

科 景天科 Crassulaceae

多年生草本。主根垂直向下，细萝卜形，少分枝；根茎加粗，不分枝或较多分枝，宽幅1.5~7 cm，长3~5 cm，上部表面和顶部被鳞片；鳞片卵状三角形，栗色膜质，先端急尖。花茎多数，残留的灰黑色老花茎多数；新花茎直立，稻秆黄色，高10~20 cm，粗2~3 cm。叶互生，下部无叶或稀少，多密集生于中上部，易脱落；叶片长圆状披针形或长圆形，长6~12 mm，宽约2 mm，先端急尖，基部宽楔形至截形，边缘有粗齿，有时全缘。花序为头状或半圆状伞房花序，密花，多数，宽幅1.5~2.5 cm，雌雄异株；分枝苞片叶状，较叶小，稀有小苞片；花梗短粗；花小，黄色；心皮直立，长圆形，长约6 mm，先端有极短花柱，柱头似盘状。蓇葖果似心皮。种子栗色，长圆形，长2 mm，先端有翅。花期7—8月，果期8—9月。

生长于海拔4000~4900 m的砾石堆中、山坡石上、冰川边缘、高山流石坡和高山水边岩石旁。在我国分布于新疆。塔吉克斯坦、阿富汗、伊朗也有分布。

生态地位：伴生种、先锋种。

裸茎金腰

Chrysosplenium nudicaule Bunge

属	金腰属　Chrysosplenium Linn.
科	虎耳草科　Saxifragaceae

多年生草本，高4.5~10 cm。茎疏生褐色柔毛或乳头突起，通常无叶。基生叶具长柄，叶片革质，肾形，长约9 mm，宽约13 mm，边缘具（7~）11~15浅齿，齿扁圆形，长约3 mm，宽约4 mm，先端凹陷且具1个疣点，通常相互叠结，两面无毛，齿间弯缺处具褐色柔毛或乳头突起；叶柄长1~7.5 cm，下部疏生褐色柔毛。聚伞花序密集呈半球形，长约1.1 cm；苞叶革质，阔卵形至扇形，长3~6.8 mm，宽2.8~8.1 mm。具3~9浅齿，齿扁圆形，先端通常具1个疣点，多少叠接，腹面具极少褐色柔毛，背面无毛，齿间弯缺处具褐色柔毛，柄长1~3 mm，疏生褐色柔毛；蒴果先端凹缺，长约3.4 mm，2果瓣近等大，喙长约0.7 mm；种子黑褐色，卵球形，长1.3~1.6 mm，光滑无毛，有光泽。花果期6—8月。

生长于海拔3470~4600 m的高寒草甸、河滩湿沙地、河岸石隙。在我国分布于青海、甘肃、新疆、西藏、云南。不丹、印度、缅甸、尼泊尔、俄罗斯、蒙古国也有分布。

生态地位：伴生种。

挪威虎耳草
Saxifraga oppositifolia Linn.

多年生草本，高 2~4 cm，小主轴多分枝。花茎疏被褐色柔毛。小主轴之叶交互对生，覆瓦状排列，密集呈莲座状，叶腋具芽，稍肉质，近倒卵形，长 3.5~4 mm，宽 1.6~2.3 mm，先端钝，具一分泌钙质之窝孔，两面无毛，边缘具柔毛。茎生叶对生，较疏。稍肉质，近倒卵形，长 4.2~4.5 mm，宽 2.6~2.9 mm，先端钝，具一分泌钙质之窝孔，两面无毛，边缘具柔毛。花单生于茎顶；花梗长约 3 mm，疏生褐色柔毛；萼片在花期直立，革质，卵形至椭圆状卵形。长 4.9~5 mm，宽 2.9~3 mm，先端钝，两面无毛，边缘具柔毛，6~7脉于先端半汇合至汇合；花瓣紫色，狭倒卵状匙形，长约 12 mm，宽 5~5.1 mm，先端微凹至钝圆，基部渐狭成长约 3.5 mm 之爪，约具 7 脉；雄蕊长约 7 mm。花丝钻形；花盘不明显；子房近椭圆球形，长约 2.7 mm，花柱长约 6.5 mm。花期 7—8 月。

生长于海拔 3900~5600 m 的高山石隙、高山流石坡稀疏植被中。在我国分布于新疆、西藏。蒙古国及欧洲、北美洲均有分布。

生态地位：伴生种。

属　虎耳草属　Saxifraga (Tourn. ex Linn.) Linn.

科　虎耳草科　Saxifragaceae

山地虎耳草

Saxifraga sinomontana J. T. Pan et Gorna

属	虎耳草属	Saxifraga (Tourn. ex Linn.) Linn.
科	虎耳草科	Saxifragaceae

多年生草本，丛生，高4.5~35 cm。茎疏被褐色卷曲柔毛。基生叶发达，具柄，叶片椭圆形、长圆形至线状长圆形，长0.5~3.4 cm，宽1.5~5.5 mm，先端钝或急尖，无毛，叶柄长0.7~4.5 cm，基部扩大，边缘具褐色卷曲长柔毛；茎生叶披针形至线形，长0.9~2.5 cm，宽1.5~5.5 mm，两面无毛或背面和边缘疏生褐色长柔毛，下部者具长0.3~2 cm之叶柄，上部者变无柄。聚伞花序，长1.4~4 cm，具2~8花，稀单花；花梗长0.4~1.8 cm，被褐色卷曲柔毛；萼片在花期直立，近卵形至近椭圆形，长3.8~5 mm，宽2~3.3 mm，先端钝圆，腹面无毛，背面有时疏生柔毛，边缘具卷曲长柔毛，5~8脉于先端不汇合；花瓣黄色，倒卵形、椭圆形、长圆形、提琴形至狭倒卵形，子房近上位，长3.3~5 mm，花柱2，长1.1~2.5 mm。花果期5—10月。

生长于海拔2700~5300 m的高山流石坡、沟谷山地灌丛、高寒草甸、高山沼泽化草甸、高山碎石隙。在我国分布于青海、陕西、甘肃、四川、云南、西藏。不丹等也有分布。

生态地位：伴生种。

爪瓣虎耳草

Saxifraga unguiculata Engl.

多年生草本，高2.5~13.5 cm，丛生。小主轴分枝，具莲座叶丛；花茎具叶，中下部无毛，上部被褐色柔毛。莲座叶匙形至近狭倒卵形，长0.5~2 cm，宽1.5~7 mm，先端具短尖头，通常两面无毛，边缘多少具刚毛状睫毛；茎生叶较疏，稍肉质，长圆形、披针形至剑形，长4~9 mm，宽1~2.5 mm，先端具短尖头，通常两面无毛，边缘具腺睫毛，稀无毛或背面疏被腺毛。花单生于茎顶，或聚伞花序，具2~8花，长2~6 cm，细弱；花梗长0.3~2.5 cm，被褐色腺毛；萼片起初直立，后变开展至反曲，肉质，通常卵形，长1.5~3 mm，宽1~2 mm，先端钝或急尖，腹面和边缘无毛，背面被褐色腺毛，3~5脉于先端不汇合、半汇合至汇合；花瓣黄色，中下部具橙色斑点，狭卵形、近椭圆形、长圆形至披针形，花期7—8月。

生长于海拔3200~4800 m的高山草甸、高寒灌丛草甸、河谷阶地、阴坡砾地、高山碎石隙。在我国分布于青海、甘肃、西藏、云南、四川、内蒙古。

生态地位：伴生种。

| 属 | 虎耳草属 | Saxifraga (Tourn. ex Linn.) Linn. |
| 科 | 虎耳草科 | Saxifragaceae |

大通黄耆

Astragalus datunensis Y. C. Ho

属 黄耆属 Astragalus Linn.

科 豆科 Leguminosae

多年生草本，高5~12 cm。根粗壮，根状茎细弱。地上茎短缩，被淡褐色残存鳞片。托叶膜质，离生，卵形或线形，长6~10 mm，无毛或有缘毛；奇数羽状复叶，长10 cm；小叶13~29，宽卵形、椭圆形或近圆形，长3~9 mm，宽3~6 mm，先端圆形或稍尖，具小尖头或微凹，基部圆形，具短柄，两面与叶轴同被白色长柔毛。总状花序由基部叶腋生出，长4~10 cm，密生5~12朵下垂的花；苞片线形，长4~6 mm；花梗长2~4 mm，与苞片和花萼均密被黑色和白色长柔毛，花萼钟状，长8~9 mm，萼齿与萼筒近等长。花冠黄色，常带橘红色晕彩，旗瓣长12~14 mm，宽约7 mm，瓣片卵形，先端微凹，爪短；翼瓣长10~12 mm，爪长4~5.5 mm；龙骨瓣长12~15 mm，爪长4~6 mm；子房有柄，密被黑色和白色长柔毛，花柱和柱头无毛。荚果未见。花期6—8月。

生长于海拔3800~4000 m的高山草甸、山坡灌丛、河边草地。在我国分布于青海。

生态地位：伴生种。

垫状棱子芹
Pleurospermum hedinii Diels

多年生莲座状草本，高4~5 cm，直径10~15 cm。根粗壮，圆锥状，直伸。茎粗短，肉质，直径1~1.5 cm，基部被栗褐色残鞘。叶近肉质，基生叶连柄长7~12 cm，叶片轮廓狭长椭圆形，2回羽状分裂，长3~5 cm，宽1~1.5 cm，一回羽片5~7对，近于无柄，轮廓卵形或长圆形，长3~7 mm，羽状分裂，末回裂片倒卵形或匙形，长1.5~2.5 mm，宽0.5~1.5 mm，叶柄扁平，基部变宽达4 mm；茎生叶与基生叶同形，较小。复伞形花序顶生，直径5~10 cm；总苞片多数，叶状；伞辐多数，肉质，中间的较短，外面的长可达2~3 cm，小总苞片8~12，倒卵形或倒披针形，长4~8 mm，顶端常叶状分裂，基部宽楔形，有宽的白色膜质边缘；花多数，花柄肉质，长1~2 mm；萼齿近三角形，长约0.5 mm；花瓣淡红色至白色，近圆形，顶端有内折的小舌片；果棱宽翅状，微呈波状褶皱，每棱槽中有油管1，合生面2。花期7—8月，果期9月。

生长于海拔3900~5000 m的高山碎石隙、高寒草甸、阴坡岩缝。在我国分布于青海、西藏、云南。

生态地位：伴生种。

（属）棱子芹属　Pleurospermum Hoffm.

（科）伞形科　Umbelliferae

青藏棱子芹

Pleurospermum pulszkyi Kanitz

（属）棱子芹属 **Pleurospermum** Hoffm.

（科）伞形科 Umbelliferae

多年生草本，高8~40 cm，常带紫红色。根粗壮，暗褐色，直伸，下部有分叉，茎部有多数褐色带状残存叶鞘。茎直立，粗壮，基部少分枝，常短缩。叶明显有柄，叶柄下部扩展呈卵圆形的叶鞘，叶片轮廓长圆形或卵形，长3~10 cm，宽1~3 cm，一至二回羽状分裂，最下一对羽片卵形或长圆形，长1~2 cm，宽0.5~1.5 cm，有短柄，向上逐渐简化，末回裂片长圆形或线形，长3~10 mm，宽1~3 mm。顶生复伞形花序直径15~20 cm；总苞片5~8，圆形或披针形，长2~5 cm，宽3~10 mm，顶端钝尖或呈羽状分裂，边缘宽白色膜质，常带淡紫红色，伞辐通常5~10，长5~12 cm；小总苞片10~15，卵圆形或披针形，长1~2 cm，比花或果为长，顶端渐尖，边缘宽白色膜质；小伞花序有花多数，花柄长5~8 mm；侧生伞形花序较小，多不育，总苞常不分裂；伞辐长3~5 cm；花白色，花瓣倒卵形，顶端钝，基部明显有爪；花期7月，果期8—9月。

生长于海拔3800~4900 m的高山灌丛、河谷阶地、高寒草甸、高山碎石隙。在我国分布于青海、甘肃、西藏。

生态地位：伴生种、先锋种。

垫状点地梅
Androsace tapete Maxim.

多年生草本，轮廓为半球形的坚实垫状体。根木质，支根稀少。株体由多数根出短枝紧密排列而成；根出短枝分枝多，节间极短，多数枯死莲座叶丛覆盖呈柱状，暗栗褐色或棕栗色。当年生莲座叶丛叠生于柱状体顶部，直径2~3 mm；叶两型，外层叶卵形、椭圆形或卵状长圆形，长2~3 mm，近革质，先端钝，背部隆起似脊状；内层叶狭长圆形或线形或狭披针形，淡绿色，长约3 mm，先端钝，中上部被密集的白色画笔状毛，下部白色，膜质，边缘具少数绿色和腺毛。花葶短或无；花单生，无梗，全花包藏于叶丛中；苞片线形，近膜质，有绿色细肋，约与花萼近等长或过之；花萼筒状，长3~4 mm，具明显5棱，棱通常白色，膜质，分裂达花萼全长的1/3，裂片三角形，先端钝，上部被毛；花冠粉红色，直径约5 mm，裂片倒卵形，边缘近波状。花期6月。

生长于海拔3800~5300 m的山顶石隙、河谷滩地、沙砾山坡、湖滨河岸湿沙地。在我国分布于青海、新疆、甘肃、西藏、云南、四川。尼泊尔也有分布。

生态地位：特征种、建群种、优势种、伴生种、先锋种。

属　点地梅属　Androsace Linn.

科　报春花科　Primulaceae

扭连钱

Phyllophyton complanatum (Dunn) Kudo

属 扭连钱属　Phyllophyton Kudo

科 唇形科　Labiatae

多年生草本，根茎木质，褐色。茎多数，通常在基部分枝，上升或匍匐状，四棱形，高13~25 cm，被白色长柔毛和细小的腺点，下部常无叶，呈紫红色，几无毛。叶柄短或近于无；叶片通常呈覆瓦状紧密的排列于茎中上部，茎中部的叶较大，叶片纸质或坚纸质，宽卵状圆形、圆形或近肾形，长1.5~2.5 cm，宽2~3 cm，基部楔形至近心形，先端极钝或圆形，边缘具圆齿及缘毛，上面平坦，通常除脉上无毛外余部被白色长柔毛，下面叶脉明显隆起，通常仅脉上被白色长柔毛。聚伞花序通常3花，具梗，总梗长1~3 mm，稀近无梗，花梗长1~2 mm，具长柔毛；苞叶与茎叶同形；花冠淡红色，长1.5~2.3 cm，外面被疏微柔毛，内面无毛，花冠筒管状，向上膨大，冠檐二唇形，倒扭，雌蕊花柱细长，微伸出花冠，无毛，先端2裂。子房4裂，无毛，花盘杯状，裂片不甚明显，前方呈指状膨大。小坚果长圆形或长圆状卵形，腹部微呈三棱状，基部具一小果脐。花期6—7月，果期7—9月。

生长于海拔4100~5000 m的沙砾河滩、阳坡草地、高山流石滩。在我国分布于西藏、云南、四川。

生态地位：伴生种、先锋种。

藏玄参

Oreosolen wattii Hook. f.

属 藏玄参属　Oreosolen Hook. f.

科 玄参科　Scrophulariaceae

植株高不超过 5 cm，全株被粒状腺毛。根粗壮，直立。地下茎细长，密被鳞片状叶，地上茎极短。叶 2~3 对，生于茎顶端，平铺地面；叶柄短而宽扁；叶片质地厚，宽卵形或倒卵状扇形，长 3~6 cm，宽 2.5~5.5 cm，先端钝圆，边缘具不规则锯齿，基出脉5~7 条，所有脉纹都凹陷。聚伞花序生于茎顶端，花数朵簇生；花萼仅基部合生，鳞片 5，条状披针形，长 8~10 mm；花冠黄色，筒部长 1.5~2 cm，檐部二唇形，上唇较下唇长，2 裂，裂片卵圆形，下唇3 裂，裂片倒卵形；雄蕊 4，内藏或稍伸出，着生于花冠筒中上部，2强，后方 2 枚较长，退化雄蕊长 2.5~3 cm；花柱细长，伸出花冠筒外，长约 2 cm，宿存，柱头近头状。蒴果长达 8 mm。种子深褐色，长约1.5 mm，表面有网纹。花期 6—7 月，果期 8 月。

生长于海拔 4300~5200 m 的高寒草甸沙砾地、阳坡草滩、山坡裸露处。在我国分布于青海、西藏。尼泊尔、印度、不丹也有分布。

生态地位：伴生种、先锋种。

短筒兔耳草
Lagotis brevituba Maxim.

属	兔耳草属 Lagotis Gaertn.
科	玄参科 Scrophulariaceae

多年生草本，高5~15 cm。根状茎横卧或斜伸，稍肉质，多节，节上生出多数侧根，须根少；根茎上有数枚鳞片状叶。茎通常1~4条，直立或蜿蜒状上升，有时呈紫红色，高出叶。基生叶3~6枚，具长1.5~4.5 cm的柄，柄有时紫红色，基部扩大，略呈窄翅；叶片卵圆形或卵状长圆形，长1~5.5 cm，宽1~3 cm，中脉较宽，有时紫红色，顶端钝圆，基部宽楔形至近心形，边缘有圆齿，偶近全缘；茎生叶与基生叶同形而较小，多数常生于花序附近，具短柄或近无柄。穗状花序头状或长圆形，具多数稠密的花，长2~3 cm，果期伸长；苞片有时蓝绿色或灰紫色，通常近圆形或有时倒卵形，常较花冠筒长，边全缘，顶端钝圆或有小凸尖；花萼佛焰苞状，后方微裂，稀裂至2/3处，长5~8 mm，被缘毛；花冠蓝紫色、浅蓝色至白色，果实长圆形，长约5 mm，黑褐色。花期6—8月。

生长于海拔3700~5100 m的河谷阶地、高山流石滩、高山草甸、河滩砾地。在我国分布于新疆、甘肃、西藏。

生态地位：伴生种、先锋种。

球穗兔耳草

Lagotis globosa (Kurz) Hook. f.

属　兔耳草属　Lagotis Gaertn.

科　玄参科　Scrophulariaceae

多年生草本，高6~15 cm，全株无毛。根状茎细，横卧或伸直，根多数，细长条形，稍肉质；根茎上有数枚褐色、干膜质的卵形鳞片状叶。叶2~4枚，全部基生；叶柄长2.5~8 cm，扁平，紫红色；叶片长圆形，下面紫红色，长2~6 cm，宽1.5~3 cm，顶端钝，基部宽楔形或截形，羽状深裂，裂片多达8对，宽条形，稀倒匙形，全缘。花葶细长，紫红色，通常1~3条，上升，较叶长；穗状花序头状，圆球形，直径1.3~3 cm，具稠密的花，紧接花序下有数枚苞状叶，远较基生叶小，全缘；苞片大，密集呈覆瓦状排列，花后期增大，常把花全部包被在里面，外面的苞片圆形或倒卵形，长达2 cm，里面的苞片较狭小，顶端均钝圆，全缘，无毛；花萼裂片2，裂片线状披针形或倒披针形，常同形，偶有1枚顶端2浅裂至深裂，长2~3 mm，无毛；花冠蓝色或蓝紫色，长5~7 mm，筒部伸直，与唇部近等长，上唇不裂，下唇通常2裂，稀有不裂或3裂，上下唇等长，裂片条状长圆形；雄蕊2，花丝与唇等长或较短，花药蓝色，肾形；花柱细长，外露或内藏，柱头头状。花期7—8月。

生长于海拔4700~4900 m的高山冰川附近流石滩。在我国分布于新疆、西藏。巴基斯坦也有分布。

生态地位：伴生种、先锋种。

全缘兔耳草

Lagotis integra W. W. Smith

属	兔耳草属　**Lagotis** Gaertn.
科	玄参科　Scrophulariaceae

多年生草本，高10~15 cm。根状茎伸长或短缩，肥厚，灰黄色；根多数，簇生，条形。茎1~4条，直立或斜上升，长超过于叶。基生叶3~6枚，具长2.5~7 cm的柄，两侧有宽膜质翅，基部扩大呈鞘状；叶片卵形或卵状披针形，长2.5~6 cm，宽1.4~4 cm，先端渐尖，具小尖头或钝，基部宽楔形，边缘具疏而不规则的锯齿或全缘；茎生叶3~4枚，近无柄，叶片披针形或卵状披针形，较基生叶小得多，全缘或有疏细齿。

穗状花序长3~7 cm，果期增长；苞片卵形或卵状披针形，长8~9 mm，向上渐小，较萼短，全缘；花萼佛焰苞状，长约8 mm，长于花冠筒，膜质，后方顶端微凹或平截，具明显2条脉，脉上被毛，有细缘毛；花冠淡黄色或淡紫色，长5~8 mm，筒部向前弯曲，明显长于唇部，花柱内藏，柱头2裂。果实未见。花期6—7月。

生长于海拔4600~5600 m的山顶草甸、河谷草甸、冰缘沼泽化草甸、高山流石坡稀疏植被。在我国分布于青海、西藏、云南、四川。

生态地位：伴生种、先锋种。

经济价值：根入药。

矮垂头菊
Cremanthodium humile Maxim.

属 垂头菊属 Cremanthodium Benth.

科 菊科 Compositae

多年生草本。根肉质，生于地下茎的节上，每节2~3。地上部分的茎直立，单生，高5~20 cm，上部被黑色和白色有节长柔毛，下部光滑，基部直径2~3 mm，无枯叶柄；地下部分的茎横生或斜生，根茎状，有节，节上被鳞片状叶及不定根，其长度随砾石层的深浅和生长的年龄呈正相关。无丛生叶丛。茎下部叶具柄，叶柄长2~14 cm，光滑，基部略呈鞘状，叶片卵形或卵状长圆形，有时近圆形，长0.7~6 cm，宽1~4 cm，先端钝或圆形，全缘或具浅齿，上面光滑，下面被密的白色柔毛，有明显的羽状叶脉；茎中上部叶无柄或有短柄，叶片卵形至线形，向上渐小，全缘或有齿，下面被密的白色柔毛。头状花序单生，下垂，辐射状，总苞半球形，长0.7~1.3 cm，宽1~3 cm，被密的黑色和白色有节柔毛，总苞片8~12，1层，基部合生呈浅杯状，分离部分线状披针形，宽2~3 mm，先端急尖或渐尖。舌状花黄色，舌状椭圆形，伸出总苞之外，长1~2 cm，宽3~4 mm，先端急尖，管部长约3 mm；管状花黄色，多数，长7~9 mm，管部长约3 mm，檐部狭楔形，冠毛白色，与花冠等长。瘦果长圆形，长3~4 mm，光滑。花果期7—11月。

生长于海拔3500~5300 m的高寒草甸裸地、高山沼泽草甸、河谷阶地、湖滨河滩湿沙地、山麓砾地、冰缘湿地、高山流石滩。在我国分布于青海、甘肃、西藏、云南、四川。

生态地位：建群种、优势种、伴生种。

车前状垂头菊

Cremanthodium ellisii (Hook. f.) Kitam.

属　垂头菊属　Cremanthodium Benth.

科　菊科　Compositae

多年生草本，高8~35 cm。茎直立，花序有分枝或否，上部被密的铁灰色长柔毛，下部光滑，紫色，基部被厚密的枯叶柄纤维。丛生叶具宽柄，柄长1~10 cm，常紫红色，叶片卵形，宽椭圆形至圆形，长1.5~10 cm，宽1~5 cm，先端急尖，全缘或边缘有小齿至缺刻状齿，有时浅裂，基部楔形，下延，近肉质，两面光滑或幼时有毛，叶脉羽状；茎生叶小，卵状长圆形至线形。头状花序1~5，常单生，或呈伞房状总状花序，下垂，辐射状；总苞半球形，长0.8~1.5 cm，宽至2 cm，被密的铁灰色柔毛；瘦果长4~5 mm；冠毛白色，长6~7 mm。花果期7—9月。

生长于海拔3400~5600 m的高山沼泽草甸、河谷阶地、山前冲积扇、退化的高寒草原、湖滨滩地、高寒草甸、高山流石滩。分布于喜马拉雅山脉。在我国分布于青海、新疆、甘肃、西藏、云南、四川。

生态地位：建群种、优势种、伴生种。

经济价值：全草入药。

合头菊

Syncalathium porphyreum (Marq. et Shaw) Ling

多年生莲座状草本，高2~5 cm。根细长。茎顶端或上半部膨大，中空。叶基生，呈莲座状，或在有茎的个体上集生于头状花序下，而在部分散生茎上具长柄；叶片长圆形或近圆形，长0.8~2 cm，宽0.7~1 cm，先端钝，边缘具不整齐的小尖齿，基部宽楔形，下延成柄，上面被稀疏的白色柔毛，下面无毛；叶柄长达2.5 cm，上半部被柔毛。头状花序多数，密集呈半球形；总苞圆柱形，长5~6 mm，总苞片3，长圆形，等长，1层，先端有柔毛；舌状花紫红色，长约1 cm，舌片长圆形，与管部等长，宽至3 mm。瘦果（未熟）倒卵形，扁平，两面各有1肋或2肋；冠毛白色，长约5 mm。花期7—8月。

生长于海拔4500~4800 m的山坡裸地、沙砾河谷、高寒草甸砾地。在我国分布于青海、西藏。

生态地位：伴生种、先锋种。

属	合头菊属	Syncalathium Lipsch.
科	菊科	Compositae

盘状合头菊

Syncalathium disciforme (Mattf.) Ling

（属）合头菊属 Syncalathium Lipsch.

（科）菊科 Compositae

多年生草本，高2~6 cm。茎极短或伸长，顶部膨大。叶基生，莲座状，倒披针形或匙形，连柄长2~6 cm；叶片长至2.5 cm，宽3~12 mm，先端钝或急尖，边缘有细齿、羽状浅裂或近似大头羽状浅裂，稀近全缘，上面被浓密的白色柔毛至无毛；叶柄扁平，常紫红色。头状花序少数至多数，在莲座叶丛中密集呈半球形的复花序，其直径可达4 cm，总苞圆柱形；总苞片5，长8~11 mm，宽约2 mm，先端钝，被毛或无毛，常为黑褐色；小花舌状，5个，黄色或淡黄白色，舌片长2~3 mm，宽约1 mm，管部长5~8 mm。瘦果倒卵状长圆形，长约4 mm，褐色，一面有1肋，另一面有2肋，边肋明显；冠毛与小花管部等长，上半部淡褐色，下半部白色。花果期8—9月。

生长于海拔3500~4700 m的高山流石滩、河滩湿沙地、高山冰缘砾地、山坡沙砾地、路边碎石堆。在我国分布于青海、甘肃、四川。

生态地位：伴生种、先锋种。

羌塘雪兔子
Saussurea wellbyi Hemsl.

多年生一次结实草本，无茎。根圆锥状，肉质，根茎部被黑褐色残存枯叶。叶全部基生，莲座状，无柄，叶片线状披针形，长2~5 cm，宽2~8 mm，上面中部以上无毛，中部以下被白色茸毛，下面密被白色茸毛，先端长渐尖，基部卵形增宽，边缘全缘。头状花序多数，无梗或具极短的花序梗，在莲座状叶丛中密集排列呈半球形；总苞圆柱状，宽4~6 mm；总苞片3~5层，背面被稀疏的白色长柔毛，外露部分紫红色，外层总苞片卵形或长圆形，长达7 mm，宽3~4 mm，顶端急尖，中层总苞片长圆形，长10~12 mm，宽2.5~3 mm，顶端圆钝，内层总苞片线状披针形，长9~10 mm，宽1.5~2 mm，顶端渐尖。花紫红色，花冠长约8 mm，檐部先端5中裂，细管部等长或稍短于檐部。瘦果黑褐色或有深褐色斑纹，长3~5 mm。冠毛淡褐色或污白色，外层长2~3 mm，内层长7~9 mm。花果期7—9 月。

生长于海拔4300~5300 m的河谷湿沙地、高原山顶冰缘湿地、高寒草甸砾石质山坡、河谷山麓砾石隙、湖滨河滩草甸、高原山坡沙地、沟谷泉水出露处、高山流石滩稀疏植被、山顶湿草地。在我国分布于青海、新疆、西藏、四川。

生态地位：伴生种、先锋种。

属　风毛菊属　Saussurea DC.

科　菊科　Compositae

鼠麴雪兔子

Saussurea gnaphalodes (Royle) Sch.-Bip.

（属）风毛菊属　Saussurea DC.

（科）菊科　Compositae

多年生丛生草本，矮小，高 1.5~7 cm，有时只形成莲座状叶丛。根状茎细长，先端分枝多头而具数个莲座状叶丛。茎直立，单一，有棱槽，被白色棉毛，基部密被褐色残存枯叶。叶密集，质地厚，灰白色或灰绿色，两面密被灰白色或黄褐色茸毛；基生叶或下部茎叶长圆形、倒披针形或匙形，长 1~4 cm，宽 3~10 mm，先端钝或略钝，全缘或具稀疏的小钝齿，基部渐狭成短叶柄，叶柄有时显紫红色；最上部叶宽卵形至线状披针形，无柄，苞叶状。头状花序多数，无梗，在茎端紧密排列呈半球形；总苞圆柱状，宽 5~8 mm；总苞片 3~4 层，长 7~9 mm，宽 3~3.5 mm，先端急尖或渐尖，外面被白色或褐色长棉毛，外层总苞片长圆形或长圆状卵形，向内层渐窄。花紫红色，花冠长 8~10 mm，檐部 5 裂至中部，细管部稍短于或等长于檐部。瘦果长 3~4.5 mm。冠毛灰褐色、红褐色或黑色，外层长约 3 mm，内层长 8~10 mm。花果期 7—8 月。

生长于海拔 4000~5700 m 的高山流石滩稀疏植被带、山坡砾石地、河谷阶地高寒草甸、河谷阶地、河沟沙砾地、泉边砾地、冰缘湿地砾石中、沟谷阳坡草地。在我国分布于青海、新疆、甘肃、西藏、四川。尼泊尔、哈萨克斯坦、吉尔吉斯斯坦、塔吉克斯坦、印度、巴基斯坦等地也有分布。

生态地位：伴生种、先锋种。

Saussurea medusa Maxim.

属	风毛菊属	Saussurea DC.
科	菊科	Compositae

多年生草本，高5~25 cm。根肉质，粗壮，根茎部被褐色残存枯叶柄。茎直立，密被白色棉毛。叶密集，灰绿色，两面被白色长棉毛；叶片倒卵形、圆形、扇形或菱形，连柄长2~10 cm，宽0.5~3 cm，顶端钝或圆形，上半部边缘具条裂状粗齿或羽状浅裂，基部渐狭成长可达5 cm的叶柄；茎上部叶向下反折，最上部叶线形，边缘具较长的条形细齿。头状花序多数，无梗，在茎端密集呈半球形；苞叶线状披针形，密被白色长棉毛。总苞狭筒形，宽5~7 mm；总苞片多层，近等长，线状长圆形至披针形，长10~11 mm，宽2~4 mm，膜质，被白色或褐色棉毛；外层总苞片常黑紫色，长渐尖，中内层总苞片顶端钝。花蓝紫色，花冠长10~12 mm，檐部5中裂，细管部与檐部等长。瘦果纺锤形，长8~9 mm，暗褐色；冠毛白色，外层长约4 mm，内层长约12 mm。花果期7—9月。

生长于海拔3700~5200 m的高山流石滩。在我国分布于青海、甘肃、西藏、云南、四川。尼泊尔也有分布。

生态地位：伴生种、先锋种。

经济价值：地上部分入药。

唐古特雪莲
Saussurea tangutica Maxim.

属	风毛菊属 Saussurea DC.
科	菊科 Compositae

多年生草本，高5~20 cm。根粗壮，茎部密被褐色残存枯叶柄。茎直立，单生，被稀疏的白色长柔毛，淡紫色或紫色，有棱槽。叶两面疏被腺毛，叶片长椭圆形至披针形，长2~9 cm，宽1.5~3 cm，急尖，边缘有锯齿，背面主脉突起且有时显紫红色；基生叶具柄，叶柄扁平，长1~6 cm，基部鞘状，鞘内有柔毛；茎生叶无柄，半抱茎；上部苞叶膜质，紫红色，宽卵形或圆形，长3~4 cm，宽2~3 cm，顶端钝，边缘有锯齿，两面被粗毛和腺毛，网状叶脉明显，包被顶生花序。头状花序1~5，无梗，单生或簇生于茎端，外被苞叶。总苞宽钟状，宽2~3 cm；总苞片4层，全部或边缘黑紫色，外面被黄白色的长柔毛；花冠长1.4~1.5 cm，檐部5裂达中部，细管部等长或长于檐部。瘦果长约4 mm，紫褐色；冠毛白色，外层长约4 mm，内层长约1.2 cm。花果期7—9月。

生长于海拔3800~5000 m的高山流石滩、河谷阶地、山麓砾石堆、高寒草甸。在我国分布于青海、甘肃、西藏、云南、四川、山西、河北。

生态地位：伴生种、先锋种。

经济价值：全草入药。

团伞绢毛菊

Soroseris glomerata (Decne.) Stebb.

| 属 | 绢毛菊属 | Soroseris Stebb. |
| 科 | 菊科 | Compositae |

多年生草本，高3~20 cm。根粗大，肉质，分枝或不分枝。地下根状茎直立，中空，被膜质退化的鳞片状叶，鳞叶卵形至长披针形，长10~15 mm，宽3~5 mm，顶端急尖；地上茎短而膨大，具莲座状叶丛。莲座状叶倒卵形、匙形或长圆形，长10~20 mm，宽5~8 mm，顶端圆钝，两面有稀疏的长柔毛，全缘或有极稀疏的齿，基部渐狭成长柄，叶柄紫红色、具翼、被白色柔毛。头状花序多数，在莲座状叶丛中密集呈直径3~5 cm的半球形复花序；总花序梗长6~12 mm，无毛或被长柔毛。总苞狭圆柱形，长6~16 mm，宽2~4 mm；总苞片2层，常被白色长柔毛；外层总苞片2枚，直立而紧贴内层总苞片，长0.9~1.3 cm；内层总苞片3~5枚，长0.7~1.1 cm，宽2~3 mm。花粉红色、白色或灰黄色，4~6枚，舌片线形，长2~5 mm，宽约1 mm。瘦果长圆柱形，长约6 mm，黄棕色，具多数细肋，顶端截形；冠毛长约1 cm，上半部黑灰色或全部白色。花果期6—8月。

生长于海拔3800~5200 m的河滩湿沙地、河岸草甸裸地、高山流石滩。在我国分布于青海、新疆、西藏、云南、四川。印度也有分布。

生态地位：伴生种、先锋种。

歪斜麻花头
Serratula procumbens Regel

（属）麻花头属　Serratula Linn.
（科）菊科　Compositae

多年生草本，高4~15 cm。根较细，根茎部被暗褐色残存枯叶柄。茎常平卧斜升，弯曲，不分枝或有时上部有2~3个极短的花序分枝。叶质地坚硬，不分裂，两面无毛，上面有光泽；基生叶和茎下部叶长椭圆形至披针形，长4~8 cm，宽1~2 cm，顶端急尖或钝，边缘有锯齿，齿顶具白色软骨质小尖头，叶柄基部鞘状扩大；茎中部叶较小，椭圆形或长圆形，中部以下边缘有锯齿，中部以上全缘无锯齿，无柄半抱茎；最上部茎生叶线形，全缘。头状花序单生茎枝顶端，茎顶常弯曲而使花序朝向侧面，少直立；总苞宽柱状至碗状，直径1.5~2 cm；总苞片多层，向内渐长，淡绿色，常带有暗色条纹，花全部两性，花冠紫红色，细管部长9~10 mm，明显短于增宽的檐部，檐部先端5浅裂，裂片长4~6 mm。瘦果椭圆形，褐色，长5~6 mm，有4条肋棱。冠毛长可达2.1 cm，上部近白色而下部淡黄色。花果期6—8月。

生长于海拔2800~3600 m的山前倾斜平原、山地荒漠草原带砾石质山坡、山间谷地砾石河滩。在我国分布于新疆。中亚各国也有分布。

生态地位：伴生种。

西藏扁芒菊

Waldheimia glabra (Decne.) Regel.

属 扁芒菊属 Waldheimia Kar. et Kir.

科 菊科 Compositae

多年生草本，高2~4 cm。根状茎匍匐，木质化，多分枝。茎多数，短缩，近直立，无毛或疏生短柔毛，密生莲座状叶丛。叶匙形，长6~12 mm，宽3~5 mm，顶端3~5深裂，向基部急狭成短翼柄；裂片线形或线状长圆形，长2~5 mm，顶端钝或稍尖，全缘或具2浅齿，无毛或上面疏生棉毛，有腺点。头状花序单生茎端，直径约2 cm，通常有长约2 cm的梗，花序梗被棉毛，近总苞基部的毛较密；总苞半球形，直径1~1.2 cm；总苞片约5层，覆瓦状排列，外层卵形，长约5 mm，宽约3 mm，具宽的黑褐色缺刻状撕裂的膜质边缘，背面疏生棉毛，中层绿色，最内层狭长圆形，长约6 mm；花果期7—9月。

生长于海拔4700~5100 m的高山流石滩、高寒草甸砾石地。在我国分布于青海、新疆、西藏。阿富汗、巴基斯坦、印度北部以及中亚各国也有分布。

生态地位：伴生种、先锋种。

镰叶韭

Allium carolinianum DC.

属	葱属	**Allium** Linn.
科	百合科	**Liliaceae**

多年生草本。高7~60 cm，实心。鳞茎粗壮，基部弯曲，单生，有时2~3枚丛生，卵状圆柱形或狭卵形；鳞茎外皮灰褐色，近革质，条状纵裂，不呈纤维状。叶条形或披针形，扁平，光滑，常呈镰刀状弯曲或不弯曲，比花葶短，宽3~17 mm，先端钝，下部被叶鞘。花葶粗壮，直径达1 cm，或有时细，直径约0.4 cm；总苞常带紫色，后期变无色，2裂，具短喙，短于伞形花序，宿存；花梗近等长，较花被片稍短，果期稍伸长，基部无小苞片；伞形花序具多数密集的花，球形，直径达4 cm；花紫红色、淡紫红色或淡黄色至白色；花被片狭长圆形、卵状披针形或披针形，长4.5~8 mm，宽1.5~3 mm，花果期7—9月。

生长于海拔2900~5200 m的高山流石滩、山崖岩隙、山间滩地、山前冲积扇、沟谷灌丛中石缝、河谷阶地、宽谷湖盆、干山坡疏林中。在我国分布于青海、甘肃、新疆、西藏、内蒙古。中亚各国以及阿富汗、尼泊尔也有分布。

生态地位：特征种、建群种、优势种、伴生种、先锋种。

经济价值：可食用。

少花顶冰花
Gagea pauciflora Turcz. ex Ledeb.

属	顶冰花属	Gagea Salisb.
科	百合科	Liliaceae

多年生草本，高4~20 cm，疏被短柔毛，下部明显且较密。鳞茎卵形，向上渐狭，外被多层褐色枯叶鞘，内藏少数小鳞茎。基生叶常1枚，线形，与茎等长或较长，宽1.5~2.5 mm，有时脉上和边缘疏生短柔毛；茎生叶2~3枚，下部者较长，向上渐短，苞片状，基部半抱茎，脉上和边缘明显疏被短柔毛。花单生或2~4朵排成伞房花序；花被里面黄色，背面灰绿色，有时先端带灰紫色，花被片条形，长1.2~3 cm，宽2.5~5 mm，先端渐尖，边缘白色膜质，中部绿色，脉纹清晰；雄蕊长为花被片的1/2，花丝丝状，下部扁平且较宽，长达10 mm，花药长圆形，黄色，长达6 mm；子房长圆形，长约3 mm，花柱与子房等长或稍短，柱头3深裂。蒴果长圆形，比花被片短。种子红色，三角形，扁平。花果期5—6月。

生长于海拔2300~4800 m的高山流石滩、荒漠草原、山坡灌丛、高寒灌丛草甸、高寒草原、湖滨草丛、沙砾河滩。在我国分布于青海、甘肃、陕西、西藏、河北、内蒙古、黑龙江。蒙古国、俄罗斯也有分布。

生态地位：伴生种、先锋种。

洼瓣花
Lloydia serotina (Linn.) Reichb.

属	洼瓣花属	Lloydia Salisb.
科	百合科	Liliaceae

多年生草本，高8~15 cm。鳞茎狭长，被多层淡褐色、条裂的枯叶鞘。基生叶常2枚，或因不育叶丛尚未完全从叶鞘中分出，而叶数增加至4或5枚；叶片线形，与茎等高或短，宽约1 mm，基部扩大形成长鞘，包被鳞茎；茎生叶多枚，通常短小，长1~4 cm，宽约2 mm，半抱茎。花1~3朵，白色，有紫斑，向基部斑纹的颜色加深；花被片倒卵状长圆形或椭圆形，内外花被片近相似，长9~14 mm，宽5~7 mm，先端急尖或钝圆，常有3条紫色脉，中脉色暗，明显，侧脉先端有时分叉，基部内面常有1个凹穴；雄蕊长为花被片的2/3，花药长圆形，长约1.5 mm，花丝下部略加宽，长4~6 mm，无毛；子房长圆形，长3~4 mm，与花柱近等长，柱头3浅裂。蒴果近倒卵形，略有三钝棱。花期6—7月。

生长于海拔2600~4300 m的高山草甸、河谷阶地、高寒草原、高山流石坡、山坡灌丛、沟谷林缘草地、河滩砾石中、山坡岩缝。在我国分布于西北、西南、华北、东北。欧洲、北美洲也有分布。

生态地位：伴生种。

卷鞘鸢尾

Iris potaninii Maxim.

属　鸢尾属　Iris Linn.

科　鸢尾科　Iridaceae

多年生草本，植株高6~20 cm，基部宿存纤维状卷叶鞘，纤维呈毛发状向外卷曲。根状茎粗短，块状，木质，须根多数近肉质，黄白色。基生叶条形，长3~20 cm，宽2~4 mm，基部鞘状，互相套叠，顶端渐尖，淡绿色，粗糙，直立。花茎短，不伸出地面，基部具2枚鞘状叶；苞片2，膜质，顶端渐尖，内包有一花；花黄色，花被片6，外轮花被片较大，下弯，向轴面具棒毛状附属物，内花被片直立，子房纺锤形，埋于地下，花柱柱头2裂，每个裂片复2裂，小裂片花瓣状，黄色。蒴果椭圆形，具长喙，成熟时顶部开裂。种子梨形，棕黄色，具白色附属物。花果期6—9月。

生长于海拔3200~5300 m的高寒草甸、高寒草原、沙砾山坡、河谷阶地、山顶石缝、阴坡高山灌丛。在我国分布于青海、甘肃、西藏、四川、内蒙古。蒙古国、俄罗斯、印度也有分布。

生态地位：伴生种。

经济价值：种子入药。

藏雪鸡
Tetraogallus tibetanus Gould, 1854

又名淡腹雪鸡，体形似家鸡，体长50~56 cm。头、颈褐灰色，颏、喉及耳羽白色；上体土褐色，有暗色环带，下胸以下乳白色，因羽毛两边黑色，使得胸与腹呈现白色而具黑色纵纹；两翼灰棕色，因羽毛两侧缘呈白或棕白色而形成显著纵纹。雌鸟与雄鸟相似，但跗跖无距。

栖息于海拔3700~5800 m 森林上线至雪线附近的高山灌丛、苔原和裸岩地带，随季节变化有垂直高度移动。喜结群，善于行走和滑翔。以高山草甸植物为食。常营巢在峭壁岩石下有灌木、杂草丛遮蔽的石缝、洞穴中，4月配对，每窝产卵4~5枚。

在我国分布于西藏、新疆、四川、甘肃、青海和云南。国外见于尼泊尔、不丹、塔吉克斯坦。

属　雪鸡属　Tetraogallus

科　雉科　Phasianidae

- 《国家重点保护野生动物名录》：Ⅱ级
- 《中国物种红色名录》：近危(NT)
- 《世界自然保护联盟濒危物种红色名录》（IUCN）：无危(LC)

西藏裸趾虎

Cyrtodactylus tibetanus Boulenger, 1905

属 裸趾虎属 Cyrtodactylus

科 壁虎科 Gekkonidae

体纵扁，体背部有在正中被断开的宽阔横纹。头及躯干背面被平滑的粒鳞；背部粒鳞间有平滑的圆形疣鳞；腹鳞平滑，略呈覆瓦状；前肢贴体前伸时，指端在眼眶前缘；肢略短，指、趾基节不扩展；尾节不明显，尾被平滑的覆瓦状鳞，仅尾基部有疣鳞。

栖息于海拔3000~4000 m的风化岩石、壕沟、裸岩灌丛地带，见于小石洞或裂缝中。

中国特有种，分布于西藏。

- 《中国物种红色名录》：无危(LC)
- 《世界自然保护联盟濒危物种红色名录》（IUCN）：无危(LC)

［1］ IUCN 2020. The IUCN Red List of Threatened Species. Version 2020－1. https://www.iucnredlist.org.

［2］ 冯祚键，蔡桂全，郑昌林.西藏哺乳类[M].北京：科学出版社，1986.

［3］ 蒋志刚，江建平，王跃招，等.中国脊椎动物红色名录[J].生物多样性，2016，24（05）：500－551.

［4］ 刘尚武.青海植物志1~4卷[M].西宁：青海人民出版社，1996.

［5］ 马晓锋.中国西南野生动物图谱・哺乳动物卷[M].北京：北京出版社，2020.

［6］ 马晓锋.中国西南野生动物图谱・鸟类卷（下）[M].北京：北京出版社，2020.

［8］ 饶定齐.中国西南野生动物图谱・爬行动物卷[M].北京：北京出版社，2020.

［8］ 吴玉虎.昆仑植物志1~4卷[M].重庆：重庆出版集团，2012.

［9］ 吴征镒.西藏植物志1~5卷[M].北京：科学出版社，1983.

［10］ 吴征镒.中国植物志[M].北京：科学出版社，1959.

［11］ 《新疆植物志》编辑委员会.新疆植物志1~6卷[M].乌鲁木齐：新疆科学技术出版社，1996.

［12］ 赵一之，赵利青，曹瑞.内蒙古植物志（第三版）[M].呼和浩特：内蒙古人民出版社，2020.

［13］ 郑作新，李德浩，王祖祥，等.西藏鸟类志[M].北京：科学出版社，1983.

［14］ 中国科学院昆明动物研究所.中国两栖类信息系统[DB].http://www.amphibiachina.org. 2020.

［15］ 中国科学院西北高原生物研究所.青海经济动物志[M].西宁：青海人民出版社，1986.

［16］ 朱建国.中国西南野生动物图谱・鸟类卷（上）[M].北京：北京出版社，2020.

中文名索引

拉丁名索引

后记

本书选择介绍了我国青藏高原北部高寒区常见和特有动植物、菌类及苔藓等，对于青藏高原北部的高原、高山动植物等种类的识别具有重要的参考价值。其中植物种类的选择除了考虑"常见"之外，还选择了一些虽非常见但却属于青藏高原特有、珍稀、濒危以及具有重要生态和经济价值的代表植物。

在恩格勒系统的框架下，本书植物的排列顺序，按照各种植物所参与组建的高寒类植被的主要类型分类排列，如高寒灌丛、高寒灌丛草甸、高寒草甸、高寒草原、高山垫状植被和高山流石坡稀疏植被等，以及少部分温性灌丛和草原分布的种类。

书中所载的每一种植物都配有精美图片，方便于对照比较。本册所载植物的花果期数据大多来自本书作者多年在青藏高原的野外经验积累。在正文部分，一些被详细介绍的植物种的后面还附有1个种下类群的形态描述和图片，以便比较鉴别。

希望本书能为读者朋友在全面了解并欣赏青藏高原北部高寒区的景观生态及其生物多样性概况的同时，还能为涉及青藏高原生物学的科研工作者和旅行及爱好者带来更多的快乐和欣赏、鉴别动植物的方便，使读者能够认识更多的花草树木，并同时养成热爱大自然、享受大自然并不断提升个人的审美情趣和审美能力。更希望您对本书提出宝贵的意见和建议，以便我们今后进一步完善本书。

感谢管开云研究员和北京出版集团的组织、策划。感谢所有对本书的出版提供过帮助的人们。同时我们也希望读者能对书中出现的疏漏和不足之处不吝指正。

吴玉虎

于西宁
2024年1月

图书在版编目（CIP）数据

中国生态博物丛书. 青藏高原卷 / 管开云总主编；
吴玉虎主编. -- 北京：北京出版社,2024.8
ISBN 978-7-200-16145-8

Ⅰ. ①中… Ⅱ. ①管… ②吴… Ⅲ. ①博物学 — 中国 ②青藏高原 — 博物学 Ⅳ. ① N912

中国版本图书馆 CIP 数据核字 (2021) 第 014538 号

策　　划　李清霞　刘　可
项目负责　刘　可　杨晓瑞
责任编辑　杨晓瑞
责任印制　燕雨萌
LOGO 设计　曾孝濂
封面设计　品欣工作室
内文排版　品欣工作室

中国生态博物丛书　青藏高原卷
ZHONGGUO SHENGTAI BOWU CONGSHU　QINGZANG GAOYUAN JUAN
管开云　总主编　　吴玉虎　主　编

出　　版　北京出版集团
　　　　　北 京 出 版 社
地　　址　北京北三环中路 6 号
邮　　编　100120
网　　址　www.bph.com.cn
总 发 行　北京出版集团
经　　销　新华书店
印　　刷　北京华联印刷有限公司
版　　次　2024 年 8 月第 1 版
印　　次　2024 年 8 月第 1 次印刷
成品尺寸　210 毫米 ×285 毫米
印　　张　23.75
字　　数　500 千字
书　　号　ISBN 978-7-200-16145-8
定　　价　498.00 元
如有印装质量问题，由本社负责调换
质量监督电话　010 - 58572393
责任编辑电话　010 - 58572568